中学受験算数

「比と割合」表で解く練習問題 120

Tsukasa　Hurukawa
古川　司

はしがき

1．暗記の算数とは

一般的に算数は「経験したことを使って解く」という姿勢になりがちです。小学校の算数のレベルならば、経験したことが理解でき、「理解しているものを使って解く」となりますが、中学受験算数はレベルが高く、多くの受験生にとって、理解不十分のまま、経験したことを覚えて、「覚えたものを使って解く」となります。これが俗に言われる「**暗記の算数（覚える算数）**」です。

暗記の算数という言葉を見て、算数は解き方を覚えたり暗記することが当たり前だと思われる方もいらっしゃると思います。

・どうしてその解き方で求められるのか、いま何を求めているか分かっている状態で解き進める
・とにかく、この方法（計算式）で答えが求められる

お分かりだと思いますが、**後者を暗記の算数**と呼びます。

前者も、暗記や覚える行為はしますが、後者とは大きな隔たりがあります。**理解をともなう学習**と呼ぶことにします。

お子様が、暗記の算数になっているか、理解をともなう学習になっているかを知る方法は簡単です。
「この計算で何を求められた？」と聞いたとき、数字しか答えられないと暗記の算数の状態です。言葉や単語で意味が通じるように答えられれば、理解をともなう学習になっています。

問題の条件が増えて複雑になったり、ひねりがあって対処しにくいときに前者と後者では大きな差が出ます。

ひねりに弱いとか応用に弱いというのは、そのお子様のタイプではなく、理

解のともなわない「暗記の算数」の学習を続けてきたからです。

2. 中学受験勉強で身につけたいこと

重要な選択になりますが、中学受験の算数を通じて何を得たいかです。

・経験した問題の解き方を１つ１つ覚えて、その類題が解ければ良い（暗記の算数）
・初見の問題や、ひねりのある問題や、応用された問題も解けるようになりたい

難関中学を目指していましたら、選択の余地なく後者になります。
難関中学を目指していないなら前者の暗記の算数でも乗り切れますが、算数で稼ぐ作戦なら後者になります。暗記の算数では中学以降の数学には活かせませんし、将来、社会人になってからも活かせません。
勉強を、未知なる壁を乗り越えられる資質の育成の機会と考えると、志望校に関係なく後者を選びたいと思いますが、いかがでしょうか？

3. 未経験な問題を考えて解く力

初見の問題やひねりのある問題や応用された問題を解くためには、頭の中で考えてから解くのは難しいです。頭の中で処理していくことはとても難度が高いからです。
ポイントは、先に書いてから、それを見て考えられるかです。つまり、その後、解法が考えられるものを書けるかどうかです。

算数は同じ問題でも、解き方や書き方はいろいろありますが、塾教材や一般書店で並んでいる教材の解き方を見ますと、結果が分かっているからこそ書ける結果論の解き方や書き方になっていることが多いです。どうしてそれを書い

たのか理由が納得できないと、自発的に使いこなすことは難しく、経験した問題の解き方を覚える学習になりやすいです。

私は経験した問題の解き方を覚える学習に全力を注ぐという考えではなく、**「未経験な問題を考えて解く力」**の育成にこだわっています。

そのためには、書いてから解法を考えやすいツールが必要で、表が最適だと考えています。受験算数にはいろいろな単元がありますが、8割以上の単元で表を活用することができます。

4. 表の解法の利点

表の利点は、いま「何が分かっていて」「何が分からなくて」「何を求められるか」の3つを把握しやすいことです。その3つを鮮明にすることが、「未経験な問題を考えて解く力」の最重要ポイントだと考えています。

表にはいろいろタイプがあり、主に「整理する目的でならべているもの」、「たし算の形になるもの」、「かけ算の形になるもの」があります。

その中では「かけ算の形になるもの」が難度が高く、それがマスターできたら、初見の問題に強くなり、ひねりに対応しやすくなり、応用力がつき、ライバルにアドバンテージをつくることができます。

かけ算の形になる表の主な項目は、かけ算の順で、「速さ・時間・距離（はじきですが、てんとう虫型ではありません)」、「食塩水・濃度・食塩」、「単価・個数・合計金額」、「間隔・間の数・全長」、「歩幅・歩数・距離」などいろいろあります。お子様が自発的に問題に合わせてアレンジして、表の項目を編み出せるようになると、学力が上がったことの証明と言っていいと思います。

さらに、表にすると「やりとり等の変化に対応できる」「縦に並べられる」「比を揃えやすい」「逆比の利用に発展できる」など、活用法がいろいろあり、問題に合わせて自由自在に扱って答えまで辿り着くことができます。

5. 比と割合は算数の基礎

この書籍は「比と割合」の教材ですが、比と割合の問題は「かけ算の形になる」表を書く練習ができます。

もちろん、この書籍で「比と割合」の学力を高めることができますが、それだけでなく、表を書いて解く力の育成を目指しています。

5年生以降の受験算数は、比と割合の文章題以外にも、和と差の問題、速さ、平面図形、立体図形にも比が絡んできます。そのような単元の応用問題にも、表を書いて解く力があれば、とても対応しやすくなります。

基礎というと、易しい問題をイメージをする人が多いと思いますが、私は、**応用問題が考えやすくなる書き方ができることを基礎力**だと思っています。これを基礎力の定義とすれば、基礎力があれば応用力につながるので、言葉の意味通りになります。

この書籍で、表で解く力をつけることができ、基礎を固められます。

現在、応用力に不安がある方は、応用力に通じる「表で解くスタイル」の導入を検討してみてください。

【本書の使い方】

1. 解き方を変えたい人（本書の解き方で算数の解法を構築したい人）

　問題を1問解くごとに解説を見て、書き方を比べましょう。正解だったら、参考にする程度で、真似をする必要はありません。解けなかった問題は、解説を見て、同じ書き方になるようになぞって書いてみましょう。24時間以内に、もう1度、その書き方で解くようにしましょう。

2. できない問題だけ解き方を変えたい人

　10～20分でできるだけたくさん解いて（解けない問題は飛ばす）、まとめて答え合わせをしましょう。解けなかった問題は解説を見て、同じ書き方になるようになぞって書いてみましょう。24時間以内に、もう1度、その書き方で解くようにしましょう。

3. 問題番号に付いている★は高度な問題です。難しいと感じた場合は飛ばして良いです。★は良問が多いので、数ヶ月後に再挑戦してみましょう。

4. 本書は、混乱しないように身につきやすい順番で問題をならべています。簡単な問題や★の問題は飛ばしてもいいですが、順番通りに解いていくことをお勧めします。

5. 本書は、解き終わったあとの反復学習を推奨していませんが、今後、比と割合の応用問題で苦戦するようでしたら、本書を原点とし、再度、取り組みますと、学力が高まり解決します。

2023 年 11 月

古川　司

もくじ

はしがき …………………………… 2

問題 ………………………………… 7

解説 ………………………………… 31

問　題

問題

1 兄と弟が持っているお金を合わせると 900 円です。兄は弟の 4 倍のお金を持っているとすると，兄はいくら持っていることになりますか。

2 山田君は中川君の 5 倍のお金を持っています。山田君と中川君の持っているお金の差が 600 円のとき，山田君はいくら持っていることになりますか。

3 A と B と C は合わせて 1200 円持っています。A は B の 2 倍，C は B の 5 倍持っています。A はいくら持っていることになりますか。

4 A と B と C が持っているお金を合わせると 3900 円です。B は A の 3 倍のお金を持っていて，C は B の 3 倍のお金を持っています。A はいくら持っていますか。

5 お母さんからもらった 3650 円のお金を兄，弟，妹の 3 人で分けます。弟は兄の $\frac{3}{5}$，妹は兄の $\frac{5}{6}$ になるようにしました。弟はいくらもらえることになりますか。

6 A，B，C の 3 人で仕事をして 4 万円をもらいました。仕事量の比は，A と B は 5：3，B と C は 2：3 でした。仕事量の比でお金を分けると B はいくらですか。

7 57 cmのリボンをA，B，Cの3人で分けました。Aの長さはBの長さの$\frac{1}{3}$で，Cの長さはAの長さの$\frac{3}{4}$でした。Cの長さは何cmですか。

8 77個のクッキーをA，B，Cの3人で分けました。Aの個数はBの個数の6割で，Cの個数はAの個数の$3\frac{3}{4}$倍でした。Cのクッキーの個数は何個ですか。

★

9 7800円のお金をA，B，Cの3人で分配することにしました。BはAの$\frac{5}{7}$，CはA，Bの分配金の和の$\frac{3}{10}$になるようにします。Bの金額はいくらですか。

★

10 袋に入っているお茶をA，B，Cの3人で分けました。Aは全体の$\frac{2}{5}$，BはAの$\frac{5}{7}$，Cは残り全部を取ったところ，Cの取り分は99 gでした。袋の中には最初，何gのお茶が入っていましたか。

11 A，Bの2人の所持金は合わせて1800円で，Aの所持金はBの3倍より200円多いそうです。Aの所持金はいくらですか。

12 鉛筆とボールペンを合わせて31本買いました。ボールペンの本数は鉛筆の本数の$\frac{2}{5}$より4本少なかったそうです。ボールペンを何本買いましたか。

13 700枚の紙をA, B, Cの3人にくばりました。AはBより40枚多く，CはBの2倍より20枚多くもらいました。Cは何枚もらいましたか。

14 長さ 120 cmのひもを A，B，C の 3 つに切り分けました。A のひもは B のひもの 3 倍より 6 cm長く，C のひもは B のひもの 2 倍より 12 cm 短くなっていました。A のひもの長さは何cmですか。

15 三角形 ABC で，角 A の大きさは角 B よりも 10 度小さく，角 B の大きさは角 C の 2 倍になっています。角 A の大きさは何度ですか。

16 1510 円のお金を A，B，C の 3 人に，B は A の$\frac{1}{3}$よりも 150 円多く，C は A の$\frac{5}{8}$よりも 50 円少なく分けると，C はいくらになりますか。

17 2800 円のお金を A，B，C の 3 人に，B は A の半分よりも 200 円少なく，C は A の 3 倍よりも 150 円少なく分けると，C はいくらになりますか。

18 4800 円を A，B，C の 3 人で分けることにします。A は B の$\frac{1}{3}$より 200 円多く，C は A の 2 倍になるようにすると，A の金額はいくらですか。

19 A，B，C の 3 人で 5300 円を分けました。A は B より 1500 円多く，B は C の 2 倍より 100 円少なくなりました。A はいくらもらいましたか。

20 A，B，C の 3 人の持っているお金は合わせて 4500 円です。A は B の 2 倍よりも 100 円多く持っています。また，B は C の 3 倍よりも 200 円多く持っています。A はいくら持っていますか。

21 持っていたお金の $\frac{5}{8}$ で定規セットを買い，$\frac{1}{3}$ でボールペンを買いました。まだ残っているお金は 30 円でした。定規セットはいくらですか。

22 探求中学校の入学試験で合格者は受験者の $\frac{1}{5}$ より 22 人多く，不合格者は受験者の $\frac{3}{4}$ より 20 人多かったそうです。合格者は何人でしたか。

23 ある図書館で，1 日の男女別入場者の人数を調べました。男は全体の $\frac{2}{5}$ より 4 人少なく，女は全体の $\frac{3}{8}$ より 40 人多かったそうです。この日の入場者は全部で何人ですか。

24 こうぞう君は 2 日で 1 冊の本を読み終わりました。昨日は全体の $\frac{2}{3}$ より 16 ページ多く読み，今日は全体の $\frac{3}{7}$ より 28 ページ少なく読みました。今日読んだのは何ページですか。

25 探求中学校の男子の人数は，全体の $\frac{3}{5}$ より 12 人少なく，女子の人数は男子よりも 21 人少ないそうです。男子は何人ですか。

26 テープを A，B の 2 人で分けました。A は全体の$\frac{1}{2}$，B は全体の$\frac{1}{3}$を取ったら，A のテープは B のテープより 50 cm長くなりました。このテープは初め何mありましたか。

27 大沢君は A，B，C の 3 冊の本を読みました。A の本のページ数は B の本のページ数の$\frac{3}{5}$で，また，C の本のページ数は A の本のページ数の$1\frac{5}{12}$倍です。B の本と C の本のページ数の差が 24 ページのとき，A の本のページ数を求めなさい。

28 A の持っているお金は，B の$\frac{3}{4}$より 50 円多く，$\frac{5}{6}$より 20 円少ない金額です。A はいくら持っていますか。

29 A は B より 4700 円多くお金を持っていますが，これは B の所持金の 4 倍より 700 円少ないそうです。A はお金をいくら持っていますか。

★

30 ある学校の男子生徒は全校生徒の$\frac{2}{5}$より 15 人多く，女子生徒は男子生徒の$\frac{2}{3}$より 10 人多い人数です。全校の生徒数は何人ですか。

31 ゆうなさんは 2200 円，妹は 1600 円持っていましたが，2 人とも同じ値段の本を買ったので，ゆうなさんの所持金は妹の所持金の 3 倍になりました。本の値段はいくらですか。

32 AとBの持っているお金の比は5：4です。いま，2人で買い物に行き，Aは持っているお金の300円を，Bは200円をそれぞれ使いました。2人の残金の合計は1300円でした。初めにAはいくら持っていましたか。

33 AとBは5：3の割合でお金を持っていましたが，お母さんから2人とも同じ金額のお金をもらったところ，Aのお金は5600円，Bのお金は4000円になりました。2人はお母さんからそれぞれいくらのお金をもらいましたか。

34 A，Bの2人の所持金の和は2400円です。いま，Aは1000円，Bは100円もらったので，Aの所持金はBの所持金の4倍になりました。初めのAの所持金はいくらですか。

35 兄と弟は2人合わせて3350円のお金を持っていましたが，兄が250円，弟が370円使ったので，兄と弟の残金の比は5：2になりました。初めに兄が持っていたお金はいくらでしたか。

36 AとBの持っているお金の比は5：3でした。その後，Aは買い物に行き1980円を使い，Bはお母さんからおこづかいの1000円をもらいました。すると，2人のいまのお金は合わせて2700円になりました。初めにAはいくら持っていましたか。

37 花子さんは2600円，夏子さんは700円貯金があります。今日，2人とも同じ金額を新しく貯金したので，花子さんの貯金高は夏子さんの貯金高の3倍よりも100円多くなりました。今日，2人が貯金した金額はいくらずつですか。

★
38 姉と妹の所持金の比は７：３です。姉が妹に1800円あげたら，姉は妹より600円多くなりました。初めに妹はいくら持っていましたか。

★
39 兄と弟はいくらかの所持金を持っています。兄が弟に250円あげると，兄，弟の所持金は等しくなり，弟が兄に500円あげると，兄の所持金は弟の所持金の６倍になります。弟の所持金はいくらですか。

★
40 兄と妹の所持金の比は７：４でしたが，兄は400円使い，妹は母から650円もらったので，逆に，妹の所持金の方が兄の所持金より270円多くなりました。兄の初めの所持金はいくらでしたか。

41 AとBは同じ金額のお金を持っていました。Aは母から500円もらい，Bは800円使ったところ，Aの持っている金額はBの持っている金額の３倍になりました。初めにAの持っていた金額はいくらですか。

42 Aは800円，Bは380円持っていましたが，２人ともお母さんからお金をもらいました。AはBより580円多くもらったので，Aのお金はBのお金の３倍になりました。Aはお母さんからいくらもらいましたか。

43 AとBの持っているお金をくらべると，初め，AはBより1000円多く持っていましたが，Aは1800円使い，Bは500円使ったので，AとBの持っているお金の比は７：９になりました。Aは初めにいくら持っていましたか。

44 A，Bの2人である金額を分けるのにまず$\frac{1}{3}$ずつ取り，残りはAとBが2：3の割合で取ったら，2人の差が320円になりました。Aの金額はいくらですか。

45 28000円をA，B，Cの3人に分配するのに，まず3人に同額を与え，残りを5：4：2に分配したところ，AはCより2400円多くなりました。Bはいくらもらいましたか。

46 初め，AとBの持っているお金の比は3：2でした。Aは1500円使い，Bは持っているお金の$\frac{1}{3}$を使ったら，AとBの残ったお金の比は3：4になりました。初め，Aはいくら持っていましたか。

★

47 長女の貯金から次女の貯金をひいた差は，次女の貯金から三女の貯金をひいた差の$\frac{1}{3}$倍です。また，長女の貯金は三女の貯金の$1\frac{2}{3}$倍です。3人の貯金の合計は6500円でした。次女の貯金は何円ですか。

48 まわりが84 cmの長方形があります。この長方形のたての長さを$\frac{2}{3}$にすると，まわりの長さが68 cmになります。もとの長方形の面積は何㎠ですか。

49 たて，横の長さの比が2：3の長方形があります。その長方形のたてを10 cm，横を4 cm長くすると正方形になります。もとの長方形のまわりの長さは何cmですか。

50 2つの数A，Bを加えると350になり，Aに3をかけた数と，Bを3で割った数は等しくなりました。Aはいくつですか。

51 探求中学校の全校生徒数は586人です。男子180人と女子の$\frac{1}{4}$がクラブに入っています。クラブに入っていない人数は男女とも同じ人数です。探求中学校の男子生徒は何人ですか。

52 兄と弟は合わせて9000円のおこづかいをもらいました。いま，兄は1800円使い，弟は自分のおこづかいの$\frac{1}{5}$を使ったところ，2人のおこづかいの残った金額は同じになりました。兄は最初いくらもらいましたか。

53 ミカンとカキが合わせて216個あります。そのうち，ミカンは14個くさり，カキは$\frac{1}{4}$がくさったので，残りの個数はミカンはカキより6個多くなりました。初めのミカンの個数は何個でしたか。

54 A，Bの2人の貯金の合計は5500円です。Aは自分の貯金額の$\frac{2}{7}$を引き出し，Bは1500円を貯金しましたが，貯金額はまだAの方が200円多いといいます。Aの初めの貯金額はいくらですか。

55 AはBの4倍で，Aの3倍とBの5倍の和が119になるとき，Aはいくつですか。

56 きよし君は１万円を持ってデパートへ買い物に行き，セーター１枚と靴下５足を買ったら4900円残りました。セーター１枚の値段は靴下１足の値段の12倍でした。セーター１枚の値段はいくらでしたか。

57 A，B，Cの３種類の缶詰があります。１個につきBはAより40円高く，Cより90円安いです。A５個とB４個とC３個を買い，150円負けてもらったので，ちょうど2500円になりました。B１個の値段は何円ですか。

58 10円玉と50円玉と100円玉の枚数の比が４：３：１で，合計金額は2320円です。50円玉は何枚ありますか。

59 １本100円のジュースと１本130円のコーヒーを売る自動販売機があります。この自動販売機のある日の売上金の合計が18800円で，ジュースはコーヒーの３倍よりも16本多く売れました。ジュースは何本売れましたか。

60 10円玉，50円玉，100円玉の３種類の硬貨で3420円あります。10円玉は100円玉より６枚少なく，50円玉と100円玉の枚数の比は２：７です。10円玉は何枚ありますか。

61 100円玉と500円玉の合計枚数は260枚で，金額の比は２：３のとき，500円玉は全部で何枚ありますか。

★

62 林間学校の部屋割りで，1 室に 8 人ずつにするとちょうど 3 室あまります。そこで部屋全部を 6 人部屋と 8 人部屋に分け，その部屋数の比を 2：5 にしたら全員が入ることができました。この宿舎の部屋数は何室ありますか。

63 B は A の 1.5 倍のお金を持って, 2 人で買い物に行きました。A は持っているお金の $\frac{1}{3}$ を，B は持っているお金の $\frac{2}{5}$ を使いました。2 人の残金を合計したら 1880 円でした。B はいくら持って買い物に行きましたか。

64 A，B，C の 3 人が正月にお年玉をもらいました。A は C の $\frac{7}{9}$，B は C の $\frac{5}{6}$ をもらい，A の $\frac{1}{7}$ は B の $\frac{1}{5}$ より 500 円少ないそうです。C は何円もらったことになりますか。

65 探求中学校では，昨年度の入学者の男子の人数は女子の人数の 60 ％でした。本年度は男子は 20 ％増え，女子は 10 ％減ったので，男女の人数の差は 72 人になりました。本年度の男子は何人ですか。

66 ナシ 2 個の値段とミカン 5 個の値段は同じで，ナシ 4 個とミカン 7 個を買うと 1020 円です。ナシ 1 個の値段はいくらですか。

67 ナシ 3 個の値段とミカン 5 個の値段は等しく，ミカン 8 個とリンゴ 5 個の値段は等しい。ナシ 3 個，ミカン 4 個，リンゴ 5 個を買うと 765 円かかります。リンゴ 1 個の値段を求めなさい。

68 A，B の 2 種類のつみ木があります。A のつみ木 20 個の重さは B のつみ木 25 個の重さより 50 g 重く，A 6 個と B 10 個の重さは同じです。B 1 個の重さは何 g ですか。

69 ようた君の持っているお金でノートを買うとちょうど 12 冊，シャーペンならちょうど 9 本，ボールペンならちょうど 8 本買えます。ようた君がシャーペンとボールペンを 1 本ずつ買い，残りのお金でノートを買うとすると，ノートは何冊まで買えますか。

70 3 つの品物 A，B，C の値段の関係は，A は B の 7 割で，B は C より 300 円高く，また A 4 個と C 3 個の値段が同じであることが分かりました。A の値段はいくらですか。

71 長さの差が 78 cm ある 2 本の竹ざおを，プールの底にとどくまでまっすぐに立てたら，短い竹ざおは $\frac{3}{5}$，長い竹ざおは $\frac{4}{11}$ だけ水につかりました。プールの水の深さは何cmですか。

72 A，B 2 枚の正五角形を重ねて図のような図形をつくったら，その面積は 222 ㎠で，重なっている部分の面積は A の $\frac{6}{11}$，B の $\frac{4}{9}$ でした。

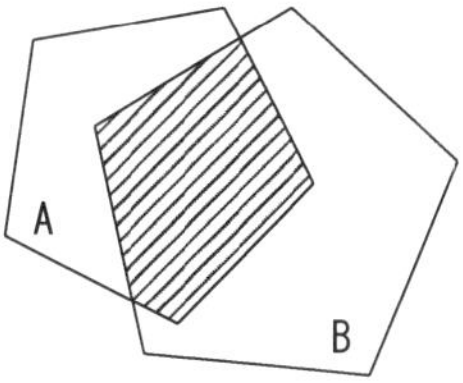

(1) 重なっている部分の面積を求めなさい。

(2) B の面積を求めなさい。

73 A，B，C の 3 人が正月にお年玉を合わせて 17950 円もらいました。3 人はそれぞれ同じ金額を貯金しました。残った金額のもらった金額に対する割合は，A が $\frac{7}{9}$，B が $\frac{4}{7}$，C が $\frac{5}{12}$ でした。1 人の貯金額はいくらですか。

★

74 A，B の 2 つの数があります。A の $\frac{3}{8}$ は B の $\frac{1}{2}$ に等しく，A の $\frac{5}{7}$ が B の $\frac{3}{4}$ より 34 大きいとき，A はいくつになりますか。

★

75 夏美さんの持っているお金の 3 割は，秋男君の持っているお金の 20 %で，春乃さんの持っているお金は秋男君の持っているお金の 2 割 5 分増しです。3 人の持っているお金の合計は 1750 円です。夏美さんはいくら持っていますか。

★

76 ミカンが何個かあります。このミカンを袋に入れて売ることにしました。1 袋に 10 個ずつ入れて 1 袋 360 円で売るのと 1 袋に 8 個ずつ入れて 1 袋 300 円で売るのでは，全部売ったときに 300 円の差になります。ミカンは全部で何個ありますか。

★

77 55 人乗りのバスを 1 台借りて，野球を観戦しに行く計画を立てました。参加費用は入場料とバス代です。入場料は全員同じ金額です。バス代はバス 1 台を借りる金額を参加人数で割ります。1 人あたりの参加費用を計算すると，人数が 25 人ならば 4040 円となり，30 人ならば 3650 円となります。次の問いに答えなさい。

⑴ 1 人の入場料はいくらですか。

⑵ 1 人あたりの参加費用が 3000 円以下となるような最も少ない人数は何人ですか。

★
78 A，B，C の 3 人がいっしょにボビーさんの家に遊びに行きました。A がケーキを買い，B がジュースを買い，駅からボビーさんの家までのタクシー代は C が払いました。その後，これらのすべての代金を 3 人で均等に払うことにし，B は A に 1300 円を，C に 100 円を払いました。また，ケーキの代金はジュースの代金の 2 倍にタクシー代を加えた金額と同じでした。

(1) ジュース代はいくらですか。

(2) 均等に払うと，1 人いくらになりましたか。

79 A，B の 2 つの長方形があって，たての長さの比は 8：3，横の長さの比は 6：7 です。この 2 つの長方形の面積の比を求めなさい。

80 まわりの長さが等しい A，B の 2 つの長方形があります。この長方形のたてと横の長さの比は A が 4：1，B が 5：4 です。このとき，この 2 つの長方形の面積の比を最も簡単な整数の比で表しなさい。

81 徳川君は持っているお金の 6 割を使ったところ，残ったお金は 4800 円になりました。初めにいくらお金を持っていましたか。

82 長さがいくらかのロープを，初めにその $\frac{1}{3}$ だけ使い，次に残りの $\frac{3}{4}$ を使いました。そのとき 50 cm残っているとすると，このロープの初めの長さは何cmになりますか。

83 太郎君は商店街で、所持金の$\frac{1}{3}$より 50 円高い本を買い，次に残りのお金の$\frac{3}{5}$より 30 円安いお菓子を買ったら 270 円残りました。最初の所持金はいくらですか。

84 1 本のリボンを A，B，C の 3 人で分けました。初めに A は全体の$\frac{1}{3}$より 6 cm多く取り，次に B は残りの半分より 7 cm多く取り，最後に C は残りの$\frac{2}{5}$より 9 cm多く取ったら，ちょうどリボンはなくなりました。A は何 cm 取りましたか。

85 ルナさんが所持金の$\frac{3}{4}$より 30 円多く使って鉛筆を 1 ダース買いました。そして母親から残額の 5 倍のおこづかいをもらって，今度は所持金の半分より 30 円安い本を買ったところ，残額は 390 円になりました。最初に買った鉛筆 1 本の値段はいくらですか。

86 緑さんは一昨日から本を読んでいます。一昨日は全体の$\frac{1}{3}$を読み，昨日，残りの$\frac{3}{4}$を読みました。今日 16 ページを読んで，明日に全体の$\frac{1}{12}$を読めば，この本は読み終わります。この本のページ数を求めなさい。

87 小山さんは，持っているお金の$\frac{1}{3}$を使い，次に残りの$\frac{3}{5}$を使いました。このあと，お母さんに 1000 円もらいました。そして，今度は持っているお金の$\frac{3}{4}$を使ったところ，残りのお金は 450 円になりました。小山さんは初めいくら持っていましたか。

88 おはじきを A，B，C の 3 人に分けるのに，A は全体の$\frac{1}{6}$と 12 個，B は A の取った残りの$\frac{3}{8}$と 6 個，C は残り全部を取ったところ，B と C のおはじきの数が等しくなりました。おはじきは全部で何個ありましたか。

89 豊田さんはある本を初めの日に全体の$\frac{1}{4}$を読み，2 日目に 20 ページ読み，3 日目に残りの$\frac{3}{4}$を読んだら，残りは全体の$\frac{1}{6}$になりました。この本のページ数を求めなさい。

90 本山君はある本を 1 日目に 84 ページ，2 日目は残りの$\frac{1}{4}$を読んだところ，その本の半分を読んだことになりました。この本は全部で何ページありますか。

91 ミカンがいくつかあります。そのうち$\frac{1}{3}$の個数を A に，次に残りの$\frac{1}{5}$より 3 個少ない個数を B にあげ，最後に残り全部を C にあげたところ，C の個数は A よりも 21 個多くなりました。初め，ミカンは全部で何個ありましたか。

★

92 ゆうき君はある本を１日目に全体の半分を読み，２日目に全体の$\frac{1}{3}$より５ページ多く，３日目に残りを全部読みました。３日目に読んだページ数は，２日目の$\frac{5}{13}$です。この本の全部のページ数は何ページですか。

★

93 太郎君は，ある本を１日目に全体の$\frac{1}{5}$だけ読み，２日目に残りの$\frac{1}{6}$より10ページ多く読みました。さらに，３日目には残りの$\frac{1}{7}$を読みましたが，まだ，全体の$\frac{1}{2}$が残っています。この本は全部で何ページありますか。

94 落とした高さの$\frac{2}{3}$だけはね上がるボールがあります。

⑴ 初めにボールを45 cmの高さから落とすと，２回目にはね上がったボールの高さは何cmですか。

⑵ ある高さからこのボールを落としたとき，３回目にはね上がったボールの高さは32 cmでした。初めにボールを何cmの高さから落としましたか。

95 ある高さから落とすと，その高さの $\frac{2}{3}$ まではずみながら階段を落ちるボールがあります。

図 1

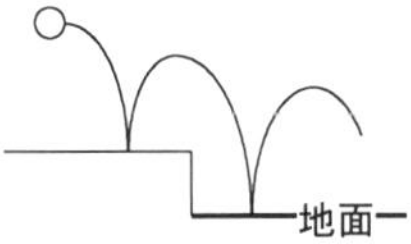

図 2

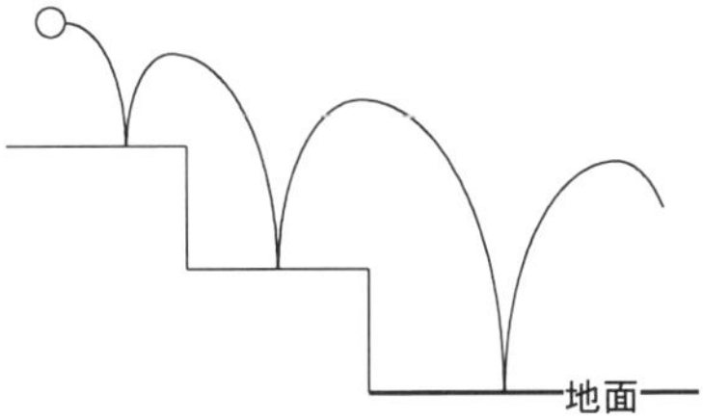

(1) 図 1 のように 10 cmの高さの階段があります。地面から 31 cmの高さからボールを落としたところ，図のようにはずみました。最初に地面に落ちた後，何 cmはずみますか。

(2) 図 2 のように 1 段の高さが 30 cmの階段があります。ある高さからボールを落としたところ，図のようにはずみ，最初に地面に落ちた後，40 cmはずみました。初め，地面から何 cmの高さから落としましたか。

★

96 ある学校の 6 年生 174 人のクラブ参加について調べたところ，男子の $\frac{4}{5}$，女子の $\frac{5}{7}$ はクラブに入っていました。また，クラブに入っていない男女の人数の比は 3：4 でした。クラブに入っている生徒は男女合わせて何人ですか。

★

97 姉と妹の持っているお金を合わせると 48000 円です。姉は持っているお金の 25 %を，妹は 60 %を出し合って自転車を買うことにしました。姉と妹の出した金額の比は 5：4 でした。自転車の代金を求めなさい。

★
98 探求小学校の６年生の男子と女子の人数比は４：３で，５年生の男子と女子の人数比は３：５です。また，６年生の人数は５年生の人数より 25 %多いといいます。６年生と５年生を合わせた人数の，男子と女子の人数の比を求めなさい。

★
99 ある学校の生徒を，人数が２：３：４となる３つのグループＡ，Ｂ，Ｃに分けます。Ａ，Ｂ，Ｃの各グループの男子と女子の人数の比は，それぞれ３：１，２：３，１：２です。この学校の男子と女子の人数をできるだけ簡単な整数の比で求めなさい。

★
100 金属Ａ，Ｂ，Ｃからできている２種類の合金Ｐ，Ｑがあります。合金に含まれている金属Ａ，Ｂ，Ｃの割合は，Ｐが３：５：４，Ｑが７：５：８です。この合金Ｐ，Ｑを６：５の割合でまぜてできる新しい合金には，金属Ａ，Ｂ，Ｃがどんな割合で含まれていますか。

101 ＡとＢの所持金の比は７：３でした。その後，Ａは 500 円，Ｂは 270 円使ったので，ＡとＢの残りの所持金の比は９：２になりました。初めのＡの所持金はいくらでしたか。

102 ＡはＢの４倍のお金を持っていましたが，Ａは 1000 円，Ｂは 500 円もらったので，Ａのお金はＢのお金の３倍になりました。初めにＡが持っていたお金はいくらですか。

103 ＡとＢの所持金の比は３：５でしたが，ＢがＡに 150 円わたしたので，ＡとＢの所持金の比が２：３になりました。Ａは初めにいくら持っていましたか。

104 長さの比が2：3で同じ太さのロウソクがあります。このロウソクに同時に火をつけてから，それぞれ6 cm短くなったときの長さの比は2：5でした。短い方のロウソクの初めの長さは何cmですか。

105 中学生と高校生合わせて1394人います。中学生の$\frac{4}{7}$と高校生の$\frac{1}{4}$が校庭に出たので，校舎に残ったのは816人です。中学生の人数は何人ですか。

106 A，Bの2つの品の値段は合計3200円でした。Aが1割値下がりし，Bが2割高くなったので，合計で3300円になりました。初めのAの値段はいくらでしたか。

107 約分すると$\frac{2}{7}$になる分数の分母から31をひき，分子に22を加えて約分すると$\frac{2}{3}$になります。この分数を求めなさい。

★
108 リボンが2本あります。両方のリボンから10 cmずつ切り取ったら，残りの長さの比は15：11になりました。さらに10 cmずつ切り取ったら，11：8になりました。

(1) 最初，リボンの長さはそれぞれ何cmと何cmでしたか。

(2) このあと，さらに同じ長さを切り取って，長さの比を10：7にするには，何cmずつ切り取るとよいですか。

★

109 A，B，C の3人がお金をいくらかずつ持っています。もし，A がBに700円をわたすと，3人のお金の比は2：5：7になります。また，もし，B とC が700円ずつ使うと3人のお金の比は5：2：7になります。A の持っているお金はいくらですか。

110 ビンいっぱいに入っている醤油《しょうゆ》の$\frac{1}{3}$を使ってから重さを量ったら2.04kgでした。さらに残りの$\frac{1}{4}$の醤油を使ってから重さを量ったら1.73kgでした。このビンの重さは何kgですか。

111 A，B，C の3人は合わせて120個のあめを持っています。いま，A はB に4個，C はB に3個のあめをあげると3人の持っているあめは，A は，B の2倍で，C の6倍になります。B が最初に持っていたあめは何個ですか。

112 A とB が持っている鉛筆の本数の割合は11：13でしたが，A が，2人の持っている鉛筆の合計の25％にあたる鉛筆をB にあげたところ，A の鉛筆の本数は30本になりました。B が初めに持っていた鉛筆の本数は何本でしたか。

113 兄と弟はそれぞれお金を持っていますが，妹は持っていません。兄が弟と妹に1：4の割合でお金をあげたところ，3人の所持金は等しくなりました。初めの兄と弟の所持金の比を求めなさい。

114 A, B, C の 3 人がいます。初め，A は 19 個，B は 43 個の玉を持っていました。いま，A，B が同じ数の玉を C にあげたら，C の玉の数は A の玉の数の 2 倍, B の玉の数は A の玉の数の 3 倍になりました。

(1) A，B は C に玉を何個ずつあげましたか。

(2) C は初め何個の玉を持っていましたか。

115 A, B, C はキャンディーを持っていて，その合計は 33 個です。いま，A は 3 個食べました。B は，持っていたキャンディーの $\frac{1}{6}$ を C にあげ，そのあと残ったキャンディーの $\frac{1}{3}$ を A にあげました。このとき，3 人のキャンディーの個数が等しくなりました。初め，A は C より何個多く持っていましたか。

★

116 A, B, C の 3 つの封筒に合わせて 200 枚の折り紙が入っています。A に入っている折り紙の $\frac{1}{5}$ を B に入れたところ，B に入っている枚数は 76 枚になりました。さらに，C に入っている折り紙の 25 % を B に入れたところ，B の枚数は 91 枚になりました。3 つの封筒には，初めに折り紙は何枚ずつ入っていましたか。

★

117 A, B, C の 3 人が合わせて 200 個のチョコレートを持っています。最初に A が自分の持っているチョコレートの $\frac{1}{3}$ を B にあげ，次に B が，もらった分も合わせて持っている $\frac{1}{3}$ を C にあげ，最後に C が，もらった分も合わせて持っている $\frac{1}{3}$ を A にあげました。その結果，A, B, C の持っているチョコレートの個数の比は 19 : 17 : 14 になりました。A, B, C の 3 人が最初に持っていたチョコレートの個数は，それぞれ何個ですか。

★

118 ある中学校の全生徒のうち，516 人は通学に地下鉄を利用しています。全生徒の $\frac{4}{9}$ にあたる人は A 市内から通学しています。A 市内から通学している生徒のうち，$\frac{3}{5}$ にあたる人は地下鉄を利用しています。A 市外から通学している生徒のうち，$\frac{1}{3}$ にあたる人は地下鉄を利用していません。この中学校の全生徒は何人ですか。

★

119 600 g の水を A，B，C の 3 つのコップに，それぞれ 4：5：6 の割合で入れました。ところが A のコップがたおれて空になったので，B と C から同じ量ずつ A に移したところ，A と C の水の量の比は 2：3 になりました。いま，B のコップに入っている水の量は何 g ですか。

★

120 ある花びんに水を入れようと思います。コップ A で水を入れると 9 杯目の途中でいっぱいになり，コップに水が 26 ㎤残ります。また，別のコップ B で水を入れると 12 杯目の途中でいっぱいになり，コップに水が 8 ㎤残ります。A のコップと B のコップの容積の差は 28 ㎤です。この花びんの容積を求めなさい。

解　説

解説 1

兄と弟が持っているお金を合わせると 900 円です。兄は弟の 4 倍のお金を持っているとすると，兄はいくら持っていることになりますか。

「兄は弟の 4 倍」なので、兄を④、弟を①にします。
丸数字は、右の図のめもりの個数のことで、
めもり 1 個なら①、めもり 4 個なら④となります。

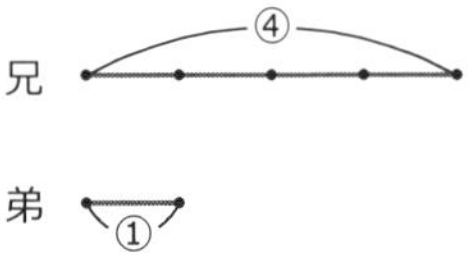

たてにならべます。合計が 900 円と分かっているので、下に**合計**と書きます。

兄	④
弟	①
合計	⑤ 900 円

合計の⑤が 900 円になります。

①= 900 ÷ 5 = 180 円

兄は④なので、①の 4 倍です。

180 × 4 = 720 円

解説 2

山田君は中川君の 5 倍のお金を持っています。山田君と中川君の持っているお金の差が 600 円のとき，山田君はいくら持っていることになりますか。

今度は差が 600 円と分かっているので、下に差と書きます。

山田	⑤
中川	①
差	④ 600 円

差の④が 600 円になります。

①= 600 ÷ 4 = 150 円

山田君は⑤なので、①の 5 倍です。

150 × 5 = 750 円

解説 3

A とB とC は合わせて 1200 円持っています。A はB の 2 倍，C はB の 5 倍持っています。A はいくら持っていることになりますか。

実際の金額の 1200 円はすぐには使いません。比と割合の問題では、こういうことが多いです。焦ってすぐに使おうとせず、じっくり比や割合で解き進めてから、最後に使う感覚を養いましょう。

「B の□倍」という表現が 2 回出てくるので、B を①にします。

すると、A を②、C を⑤と書けます。

3 人でもたてにならべます。

ここで合計 1200 円を使います。下に**合計**と書きます。

A	②
B	①
C	⑤
合計	⑧ 1200 円

合計の⑧が 1200 円になります。

①＝ 1200 ÷ 8 ＝ 150 円

A は②なので、②＝ 150 × 2 ＝ 300 円

解説 4

A と B と C が持っているお金を合わせると 3900 円です。B は A の 3 倍のお金を持っていて, C は B の 3 倍のお金を持っています。A はいくら持っていますか。

実際の金額の 3900 円はすぐには使いません。

「B は A の□倍」とあるので、B よりも A を 1 にしたくなります。

「C は B の□倍」とあるので、C よりも B を 1 にしたくなります。

B よりも A を 1 にしたいですね。

A を①にします（決定したので丸数字にしました）。

すると、B は③になり、C は B の 3 倍で⑨になります。落ち着いて考えましょう。

たてにならべます。合計が 3900 円と分かっているので、下に合計と書きます。

A	①
B	③
C	⑨
合計	⑬ 3900 円

合計の⑬が 3900 円になります。

①= 3900 ÷ 13 = 300 円

A は①なので 300 円です。

解説 5

お母さんからもらった3650円のお金を兄，弟，妹の3人で分けます。弟は兄の$\frac{3}{5}$，妹は兄の$\frac{5}{6}$になるようにしました。弟はいくらもらえることになりますか。

実際の金額の3650円はすぐには使いません。

「弟は兄の$\frac{\square}{\mathbf{5}}$」を見ると、兄を**5**にしたくなります。

「妹は兄の$\frac{\square}{\mathbf{6}}$」を見ると、兄を**6**にしたくなります。

兄は**5**にしましょうか？ **6**にしましょうか？

5じゃなくても**5**の倍数ならよくて、**6**じゃなくても**6**の倍数ならいいです。

そういうときは**最小公倍数を利用します**。**5**と**6**の最小公倍数の㉚（確定したので丸数字にしました）。

兄を㉚にします。

弟は兄の$\frac{3}{5}$なので㉚$\times\frac{3}{5}=$⑱

妹は兄の$\frac{5}{6}$なので㉚$\times\frac{5}{6}=$㉕

たてにならべます。合計が3650円と分かっているので、下に合計と書きます。

兄	㉚	
弟	⑱	
妹	㉕	
合計	$\textcircled{73}$	3650円

合計の$\textcircled{73}$が3650円になります。

①＝3650 ÷ 73 ＝ 50円

弟は⑱なので、⑱＝ 50 × 18 ＝ <u>900円</u>

解説 6

A, B, C の 3 人で仕事をして 4 万円をもらいました。仕事量の比は，A と B は 5：3，B と C は 2：3 でした。仕事量の比でお金を分けると B はいくらですか。

A：**B** ＝ **5**：**3** というのは、**A** は **B** の $\frac{5}{3}$ という意味です。

B：**C** ＝ **2**：**3** というのは、**B** は **C** の $\frac{2}{3}$ という意味です。

※ 比と割合の問題は、分数を比にして解きます。

つまり、問題文に分数が書いてあったら、比にして使い、問題文に比が書いてあったら、そのまま比を使います。分数と比は表現方法が異なりますが、本質は同じです。

連比にします。連比とは A：B：C などのように、比が 3 つ以上連続するものです。

連比をつくる方法を説明します。

まず、A と B と C を横にならべて書いて、A：B ＝ 5：3 なので、下に書きます。

A	B	C
5	3	

次に、B：C ＝ 2：3 なので、5：3 より 1 段下げて書きます。

A	B	C
5	**3**	
	2	3

B の下に **3** と **2** があるので、B を「**3 の倍数**にしたいな～」「**2 の倍数**にしたいな～」と考えて、**3** と **2** の最小公倍数の **6** にします。

A：B ＝ 5：3 ＝□：**6** とするので、□は 10 になります。
5：3 ＝ 10：**6** です。
B：C ＝ 2：3 ＝ **6**：■とするので、■は 9 になります。
2：3 ＝ 6：9 です。
分数の約分や倍分のような感覚です。

下のように書きます。

A	B	C
5	**3**	
	2	3
10	**6**	9

A を⑩、B を⑥、C を⑨というように丸数字に変えて、たてにならべます。
合計が 4 万円（40000 円）と分かっているので、下に合計と書きます。

A	⑩
B	⑥
C	⑨
合計	㉕ 40000 円

合計の㉕が 40000 円になります。
①＝ 40000 ÷ 25 ＝ 1600 円
B は⑥なので、⑥＝ 1600 × 6 ＝ 9600 円

解説 7

57 cmのリボンをA, B, C の3 人で分けました。A の長さはB の長さの$\frac{1}{3}$で，C の長さはA の長さの$\frac{3}{4}$でした。C の長さは何cmですか。

問題文は【5】番のように分数ですが、だれかをすぐに丸数字にしにくいので、【6】番のように連比にします。

A はB の$\frac{1}{3}$なので、**A：B ＝ 1：3**

C はA の$\frac{3}{4}$なので、**A：C ＝ 4：3**

連比にします。

A	B	C
1	3	
4		3
4	12	3

A を④、B を⑫、C を③にします。

3 本の合計が 57 cmなので、下に合計を書きます。

A	④
B	⑫
C	③
合計	⑲ 57cm

合計の⑲が 57 cmになります。

①＝ 57 ÷ 19 ＝ 3 cm

C は③なので、③＝ 3 × 3 ＝ 9 cm

解説 8

77 個のクッキーを A，B，C の 3 人で分けました。A の個数は B の個数の 6 割で，C の個数は A の個数の $3\frac{3}{4}$ 倍でした。C のクッキーの個数は何個ですか。

1 割は $\frac{1}{10}$ なので、6 割とは $\frac{6}{10}$ のことです。約分すると、6 割は $\frac{3}{5}$ です。

A は **B** の $\mathbf{\frac{3}{5}}$ より、**A：B ＝ 3：5** です。

帯分数は仮分数にします。

$3\frac{3}{4} = \frac{15}{4}$ なので、**C** は **A** の $\mathbf{\frac{15}{4}}$ 倍より、**A：C ＝ 4：15** です。

連比にします。

A	B	C
3	5	
4		15
12	20	45

A を⑫、B を⑳、C を㊺にします。

3 個の合計が 77 個なので、下に合計を書きます。

A	⑫
B	⑳
C	㊺
合計	(77) 77 個

合計の(77)が 77 個になります。

①は 1 個です。

C は㊺なので 45 個です。

解説 9

★

7800 円のお金を A，B，C の 3 人で分配することにしました。B は A の $\frac{5}{7}$，C は A，B の分配金の和の $\frac{3}{10}$ になるようにします。B の金額はいくらですか。

「**B** は **A** の $\frac{5}{7}$」から、**A**：**B** ＝ **7**：**5** です。

「**C** は **A と B の和**の $\frac{3}{10}$」から、(**A** ＋ **B**)：**C** ＝ **10**：**3** です。

下のような連比にします。【6】【7】【8】番より、少々加工していますが、このくらいの加工は自発的にどんどんやってみましょう。

A	B	A ＋ B	C
7	5	12	
		10	3
35	25	60	18

A と B の和を、12 と 10 の最小公倍数の⑥⓪にします。

A は㉟、B は㉕、C は⑱になります。

3 人の合計は 7800 円なので、下に合計と書きます。

A	㉟	
B	㉕	
C	⑱	
合計	㊆⑧	7800 円

合計の⑦⑧が 7800 円になります。

①＝ 100 円

B は㉕なので、㉕＝ 100 × 25 ＝ 2500 円

解説 10

★

袋に入っているお茶をA，B，Cの3人で分けました。Aは全体の$\frac{2}{5}$，BはAの$\frac{5}{7}$，Cは残り全部を取ったところ，Cの取り分は99 gでした。袋の中には最初，何 gのお茶が入っていましたか。

実際の数字 99 g はすぐには使いません。

「**A** は**全体**の$\frac{2}{5}$」から、**A**：〈全体〉 = **2**：**5** です。

「**B** は **A** の$\frac{5}{7}$」から、**A**：**B** = **7**：**5** です。

下のような連比にします。

A	B	全体	C
2		5	
7	5		
14	10	35	

A を⑭、B を⑩、そして全体を㉟すると、C は⑪になります。

今回は合計ではなく、C が 99g と分かっていますが、合計の㉟を利用したので、下に合計を書きました。

A	⑭
B	⑩
C	⑪ 99 g
合計	㉟

C の⑪が 99 g になります。

①= 99 ÷ 11 = 9 g

最初の袋のお茶は㉟なので、㉟= 9 × 35 = 315 g

解説 11

A, B の 2 人の所持金は合わせて 1800 円で, A の所持金は B の 3 倍より 200 円多いそうです。A の所持金はいくらですか。

ここから「**200 円多い**」というような端数《はすう》が登場します。

A は B のちょうど 3 倍なら、B を①にして、A を③にしますが、A はそれより **200 円多い**ので「③**+ 200**」にします。

端数があってもたてにならべて書きます。合計が 1800 円と分かっているので、下に合計を書きます。

A	③**+ 200**
B	①
合計	

合計は「③**+ 200** +①」なので④**+ 200** になります。そのまま「**+ 200**」を書けばいいですね。

A	③**+ 200**
B	①
合計	④**+ 200** = 1800

④**+ 200** = 1800 とは、④に **200** をたしたら 1800 円になるという意味です。

④は 1600 円です。

①= 1600 ÷ 4 = 400 円

A は「③+ 200」なので、③= 400 × 3 = 1200 円で、200 円をたして 1400 円です。

解説 12

鉛筆とボールペンを合わせて 31 本買いました。ボールペンの本数は鉛筆の本数の $\frac{2}{5}$ より 4 本少なかったそうです。ボールペンを何本買いましたか。

「**4 本少ない**」という端数《はすう》があります。

ボールペンは鉛筆のちょうど $\frac{2}{5}$ なら、鉛筆を⑤にして、ボールペンを②にしますが、ボールペンはそれより **4 本少ない**ので「②− **4**」にします。

合計が 31 本と分かっているので、下に合計を書きます。

鉛筆	⑤
ボールペン	②− **4**
合計	

合計は「⑤+②− **4**」なので、「⑦− **4**」になります。そのまま「− **4**」を書けばいいですね。

※ ①を 10000 などにして、イメージすると良いと思います。
50000 + 20000 − **4** = 70000 − **4** になりますね。

鉛筆	⑤
ボールペン	②− **4**
合計	⑦− **4** = 31

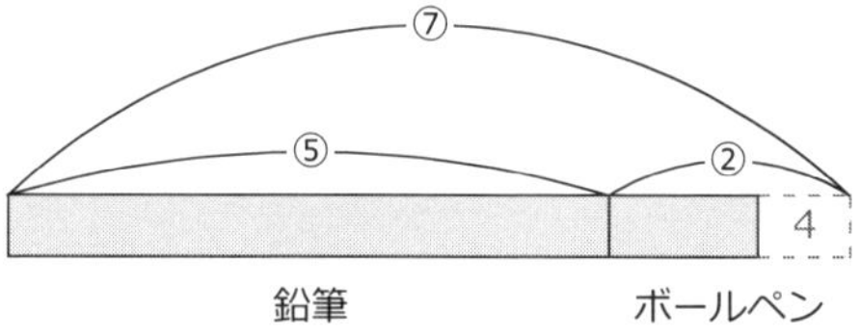

⑦− **4** = 31 とは、⑦から **4** をひいたら 31 本になるという意味です。

⑦は 35 本です。

①= 35 ÷ 7 = 5 本

ボールペンは「②− 4」なので、②= 5 × 2 = 10 本で、4 本をひいて 6 本です。

解説 13

700 枚の紙を A，B，C の 3 人にくばりました。A は B より 40 枚多く，C は B の 2 倍より 20 枚多くもらいました。C は何枚もらいましたか。

「C 君は B 君の 2 倍より **20 枚多く**」から、B を①、C を「②**+ 20**」にします。倍と書いてある方から考えます。

A は B より **40 枚多い**ので「①**+ 40**」になります。

3 人の合計が 700 枚と分かっているので、下に合計を書きます。

A　①**+ 40**
B　①
C　②**+ 20**
合計

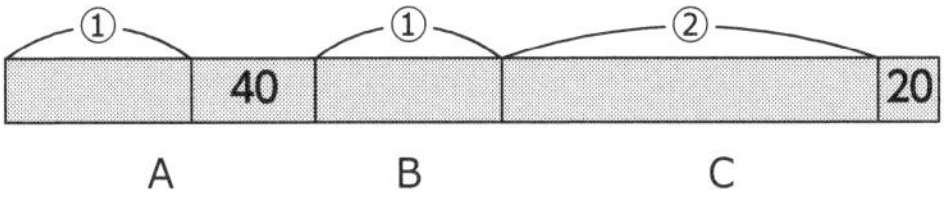

①**+ 40** +①+②**+ 20** =④**+ 60** となります。

端数《はすう》の「**+ 40**」と「**+ 20**」は、そのままたして「**+ 60**」です。

A　①**+ 40**
B　①
C　②**+ 20**
合計　④**+ 60** = 700

④に **60** をたして 700 枚になるので、④は 640 枚です。

①= 640 ÷ 4 = 160 枚

C は「②+ 20」なので、②= 160 × 2 = 320 枚で、20 枚をたして 340 枚です。

解説 14

長さ 120 cmのひもを A，B，C の 3 つに切り分けました。A のひもは B のひもの 3 倍より 6 cm長く，C のひもは B のひもの 2 倍より 12 cm短くなっていました。A のひもの長さは何 cmですか。

「B のひもの 3 倍」と「B のひもの 2 倍」とあるので、B のひもを①にします。

※ B のことを基準量とかもとにする量といい、基準量を①にすることが割合の原則です。

しかし、分数の場合は①ではなく、分母の数字や、分母の最小公倍数を利用した方がイメージしやすく計算も楽になります。

解くときには、基準量を意識せずに、「どれを①（丸数字）にしようかな？」と考えます。

A　　③**+ 6**
B　　①
C　　②**− 12**
合計

つなげてみると、③+ 6 +①+②− 12 =⑥− 6 です。

「**+ 6**」と「**− 12**」をたすときは、右の図のように、**あまっている 6 を不足の 12** に移しても、まだ **6 不足**していると考えて「**− 6**」にします。機械的に覚えないで、なんらかのイメージでとらえましょう。

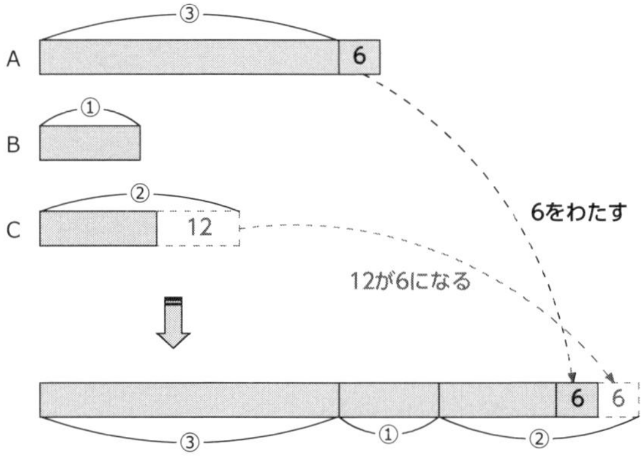

A	③**+ 6**
B	①
C	②**− 12**
合計	⑥**− 6** = 120

⑥から**6** をひいて 120 ㎝なので、⑥は 126 ㎝です。

①= 126 ÷ 6 = 21 ㎝

A は「③+ 6」なので、③= 21 × 3 = 63 ㎝で、それより 6 ㎝長い 69 ㎝です。

解説 15

三角形 ABC で，角 A の大きさは角 B よりも 10 度小さく，角 B の大きさは角 C の 2 倍になっています。角 A の大きさは何度ですか。

B は C の 2 倍なので、C を①、B を②とします。

A は「②− 10 度」になります。

条件はまだあります。A と B と C を合わせると 180 度です。問題文に書いてありませんが、三角形の内角の和の 180 度を使いましょう。

3 つの合計が 180 度なので、下に合計を書きます。

端数《はすう》は【12】番と同じように扱います。

A	②− **10**
B	②
C	①
合計	⑤− **10** = 180

⑤から **10** をひいて 180 度なので、⑤は 190 度です。

①= 190 ÷ 5 = 38 度

A は「②− 10」なので、②= 38 × 2 = 76 度で、それより 10 度小さい 66 度です。

解説 16

1510 円のお金を A，B，C の 3 人に，B は A の $\frac{1}{3}$ よりも 150 円多く，C は A の $\frac{5}{8}$ よりも 50 円少なく分けると，C はいくらになりますか。

「A の$\frac{1}{3}$」から、A を 3 にしたいです。

「A の$\frac{5}{8}$」から、A を 8 にしたいです。

こういう場合は、A を、3 と 8 の最小公倍数の㉔にします。

※【14】番では基準量の B を①にしましたが、分数の場合は基準量は分母の最小公倍数にします。

B は㉔×$\frac{1}{3}$ ＋ 150 ＝⑧**＋ 150 円**

C は㉔×$\frac{5}{8}$－ 50 ＝⑮**－ 50 円**

A	㉔
B	⑧**＋ 150**
C	⑮－ **50**
合計	

つなげてみると、㉔＋⑧**＋ 150** ＋⑮－ **50** ＝㊼**＋ 100** です。

「**＋ 150**」と「－ **50**」をたすときは、右の図のように、あまっている **150** を**不足の 50** に移したら、**あまりは 100** になると考えて、「**＋ 100**」にします。

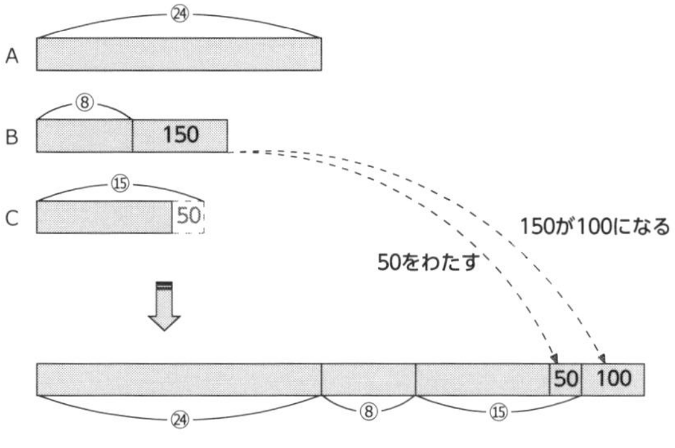

A	㉔
B	⑧**+ 150**
C	⑮− **50**
合計	㊼**+ 100** = 1510

㊼に **100** をたして 1510 円なので、㊼は 1410 円です。

①= 1410 ÷ 47 = 30 円

C は「⑮− 50」なので⑮= 30 × 15 = 450 円で、それより 50 円少ない 400 円です。

解説 17

2800 円のお金を A，B，C の 3 人に，B は A の半分よりも 200 円少なく，C は A の 3 倍よりも 150 円少なく分けると，C はいくらになりますか。

「A の半分」から、A を 2 にしたいです。

「A の 3 倍」から、A を 1 にしたいです。

A を、2 と 1 の最小公倍数の②にします。

B は①− 200 円

C は⑥− 150 円

A　②

B　①**− 200**

C　⑥**− 150**

合計

つなげてみると、②+①− **200** +⑥− **150** =⑨− **350** です。

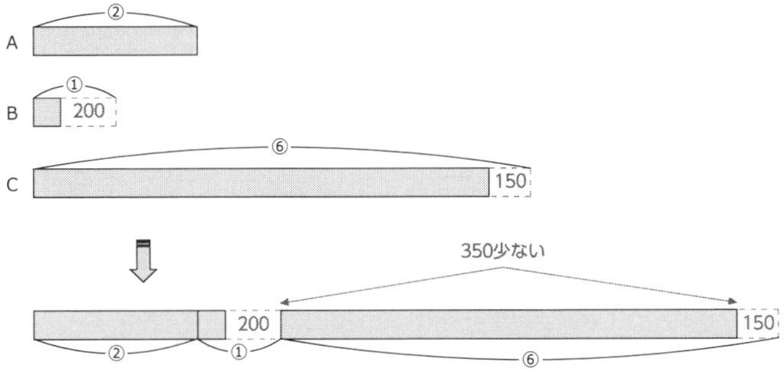

「− **200**」と「− **150**」をたすときは、上の図のように、**不足は 350** になると考えて、「− **350**」にします。

A	②
B	①− 200
C	⑥− 150
合計	⑨− 350 ＝ 2800

⑨から **350** をひいて 2800 円なので、⑨は 3150 円です。

①＝ 3150 ÷ 9 ＝ 350 円

C は「⑥− 150」なので、⑥＝ 350 × 6 ＝ 2100 円より 150 円少ない 1950 円です。

解説 18

4800 円を A，B，C の 3 人で分けることにします。A は B の$\frac{1}{3}$より 200 円多く，C は A の 2 倍になるようにすると，A の金額はいくらですか。

「A は B の$\frac{1}{3}$より 200 円多く」から、B を③にして、A を「①+ 200」にしたいです。

C は A の 2 倍なので、(①+ 200) × 2 =②+ 400 となります。

※ 分配の法則を使っています。10200 × 2 = 20000 + 400 = 20400 のような感覚です。

A	①+ 200
B	③
C	②+ 400
合計	⑥+ 600 = 4800

⑥に 600 をたして 4800 円なので、⑥は 4200 円です。

①= 4200 ÷ 6 = 700 円

A は①より 200 円多いので 900 円です。

解説 19

A，B，C の 3 人で 5300 円を分けました。A はB より 1500 円多く，B は C の 2 倍より 100 円少なくなりました。A はいくらもらいましたか。

「B はC の 2 倍より 100 円少ない」から、C を①にします。B は「②− 100」になります。

A

B　②− 100

C　①

A はB より 1500 円多いので、「②− **100**」から **1500** 円増やして「**②+ 1400**」になります。

100 円借金している状態からお金を **1500 円**もらったら、所持金は **1400 円**になるという感覚です。

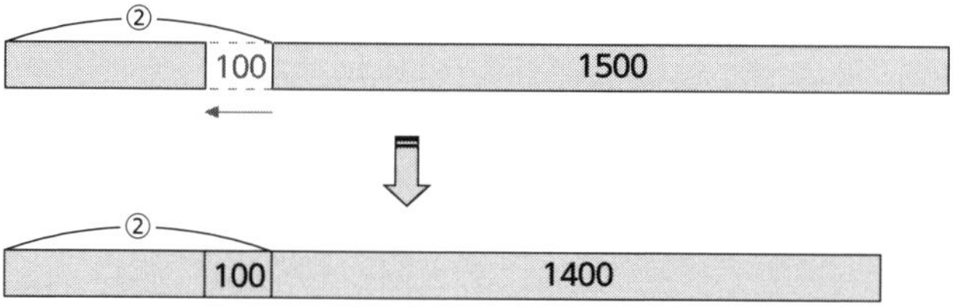

A	②+ 1400
B	②− 100
C	①
合計	⑤+ 1300 = 5300

⑤= 5300 − 1300 = 4000 円

①= 4000 ÷ 5 = 800 円

A は、②より 1400 円多いので、800 × 2 + 1400 = 3000 円

解説 20

A，B，Cの3人の持っているお金は合わせて4500円です。AはBの2倍よりも100円多く持っています。また,BはCの3倍よりも200円多く持っています。Aはいくら持っていますか。

「AはBの2倍より100円多く」を見ると、AよりもBを1にしたいです。
「BはCの3倍より200円多く」を見ると、BよりもCを1にしたいです。

Cが①ですね。
すると、Bは「③+ 200」になります。
AはBの2倍よりも100円多いので、まず、Bを2倍して
(③+ 200) × 2 =⑥+ 400です。分配の法則を使っています。
さらに100円増やすので、Aは「⑥+ 500」です。

A	⑥+ 500
B	③+ 200
C	①
合計	⑩+ 700 = 4500

⑩= 4500 − 700 = 3800
①= 3800 ÷ 10 = 380円
Aは「⑥+ 500」なので、380 × 6 + 500 = 2780円

解説 21

持っていたお金の$\frac{5}{8}$で定規セットを買い，$\frac{1}{3}$でボールペンを買いました。まだ残っているお金は 30 円でした。定規セットはいくらですか。

ここから、全体の量が分かっていない問題となります。

「初めの$\frac{5}{8}$」「初めの$\frac{1}{3}$」とあるので、初めのお金を、分母の 8 と 3 の最小公倍数にします。

初めのお金を㉔にします。

初めのお金を最小公倍数の㉔にしたことで、定規セットは、㉔の$\frac{5}{8}$で⑮、ボールペンは、㉔の$\frac{1}{3}$で⑧というように整数になります。整数で解いていくことを目指しましょう。

これもたてにならべます。30 円残るので、「残り」の項目も載せておきます。合計は初めのお金の㉔なので、下に**合計**を書きます。右どなりに〈式〉を書きました。暗算でもいいですが、もし書くなら、この位置に書きましょう。

		〈式〉
定規セット	⑮	㉔×$\frac{5}{8}$
ボールペン	⑧	㉔×$\frac{1}{3}$
残り	30 円	
合計	㉔	

⑮と⑧で㉓になるので、残りの 30 円は①です。

①＝ 30 円

定規セットは⑮なので、⑮＝ 30 × 15 ＝ 450 円

解説 22

探求中学校の入学試験で合格者は受験者の$\frac{1}{5}$より 22 人多く，不合格者は受験者の$\frac{3}{4}$より 20 人多かったそうです。合格者は何人でしたか。

受験者全体を、分母の 5 と 4 の最小公倍数の⑳とします。

たてにならべます。

		〈式〉
合格者	④ ＋ 22	⑳× $\frac{1}{5}$＋ 22
不合格者	⑮ ＋ 20	⑳× $\frac{3}{4}$＋ 20

合計が受験者全体の⑳になります。

合格者	④ ＋ 22	
不合格者	⑮ ＋ 20	
合計	⑲ ＋ 42	＝⑳

⑲と 42 人をたして⑳になるので、42 人は①です。

①＝ 42 人

合格者は「④＋ 22」なので、42 × 4 ＋ 22 ＝ 190 人

解説 23

ある図書館で，1 日の男女別入場者の人数を調べました。男は全体の$\frac{2}{5}$より 4 人少なく，女は全体の$\frac{3}{8}$より 40 人多かったそうです。この日の入場者は全部で何人ですか。

男女全体の人数を、分母の 5 と 8 の最小公倍数の㊵にします。
たてにならべます。合計は㊵になります。

		〈式〉
男	⑯－ 4	㊵× $\frac{2}{5}$ － 4
女	⑮ **＋ 40**	㊵× $\frac{3}{8}$ ＋ 40
合計	㉛ **＋ 36** ＝㊵	

「**－ 4**」と「**＋ 40**」を合わせると「**＋ 36**」になります。【16】番でやりましたね。

㉛＋ 36 ＝㊵
⑨＝ 36 人
①＝ 36 ÷ 9 ＝ 4 人
全体は㊵なので、㊵＝ 4 × 40 ＝ <u>160 人</u>

解説 24

こうぞう君は 2 日で 1 冊の本を読み終わりました。昨日は全体の $\frac{2}{3}$ より 16 ページ多く読み，今日は全体の $\frac{3}{7}$ より 28 ページ少なく読みました。今日読んだのは何ページですか。

本全体のページ数を、分母の 3 と 7 の最小公倍数の㉑とします。

				〈式〉
昨日	⑭	**＋ 16**		㉑× $\frac{2}{3}$ ＋ 16
今日	⑨	**− 28**		㉑× $\frac{3}{7}$ − 28
合計	㉓	**− 12**	＝㉑	

「**＋ 16**」と「**− 28**」をたしたら「**− 12**」になります。【14】番でやりましたね。

㉓− 12 ＝㉑

②＝ 12 ページ

①＝ 12 ÷ 2 ＝ 6 ページ

今日読んだのは「⑨− 28」なので、6 × 9 − 28 ＝ 26 ページ

解説 25

探求中学校の男子の人数は，全体の$\frac{3}{5}$より 12 人少なく，女子の人数は男子よりも 21 人少ないそうです。男子は何人ですか。

この問題は、分数が 1 つしかないので、最小公倍数が不要で、男女全体を分母の⑤にします。

男子は「③− 12」になります。

女子は、それよりも 21 人少ないので、「③− 33」となります。

③より 12 人少ない男子よりも、さらに 21 人少ないなら、③より 33 人少ないと考えられますね。

男	③	**− 12**	
女	③	**− 33**	
合計	⑥	**− 45**	＝⑤

「**− 12**」と「**− 33**」をたしたら「**− 45**」になります。【17】番でやりましたね。

①= 45 人になります。

男子は「③− 12」なので、45 × 3 − 12 ＝ 123 人

解説 26

テープをA，Bの2人で分けました。Aは全体の$\frac{1}{2}$，Bは全体の$\frac{1}{3}$を取ったら，AのテープはBのテープより50 ㎝長くなりました。このテープは初め何mありましたか。

テープ全体の長さを、分母の2と3の最小公倍数の⑥とします。

今回は差が50 ㎝と分かっているので、たてにならべて、下に差を書きます。ここまで合計と書く問題がほとんどでしたが、これからは差も出てきますよ。

			〈式〉
A	③		⑥×$\frac{1}{2}$
B	②		⑥×$\frac{1}{3}$
差	①	50 ㎝	

①＝ 50 ㎝になります。

全体の長さは⑥なので、⑥＝ 50 × 6 ＝ 300 ㎝＝ 3 m

解説 27

大沢君はA，B，Cの3冊の本を読みました。Aの本のページ数はBの本のページ数の$\frac{3}{5}$で，また，Cの本のページ数はAの本のページ数の$1\frac{5}{12}$倍です。Bの本とCの本のページ数の差が24ページのとき，Aの本のページ数を求めなさい。

端数《はすう》がないので、連比にします。

A は **B** の$\frac{3}{5}$なので、**A**：**B** ＝ **3**：**5** です。

C は **A** の$1\frac{5}{12}=\frac{17}{12}$倍というように仮分数にしてから、**A**：**C** ＝ **12**：**17** とします。

A	B	C
3	5	
12		17
12	20	17

Aを⑫、Bを⑳、Cを⑰にして、たてにならべます。

BとCの差が24ページと分かっているので、項目に「BとCの差」も載せます。

A	⑫	
B	⑳	
C	⑰	
BとCの差	③	24ページ

③＝24ページになります。

①＝24÷3＝8ページです。

Aは⑫なので、⑫＝8×12＝96ページ

解説 28

Aの持っているお金は，Bの$\frac{3}{4}$より50円多く，$\frac{5}{6}$より20円少ない金額です。Aはいくら持っていますか。

「Bの$\frac{3}{4}$」と「Bの$\frac{5}{6}$」があるので、Bを、4と6の最小公倍数の⑫にします。

Aを2通りの方法で表せるので表します。

			〈式〉
A	⑨	**+ 50**	⑫×$\frac{3}{4}$+ 50
A	⑩	**− 20**	⑫×$\frac{5}{6}$− 20

上下のAは同じなので、⑨と⑩の差の①と、「**+ 50円**」と「**− 20円**」の差の「**70円**」が等しくなります。**差と差は等しい**と身につけましょう。

A	⑨		**+ 50**
A	⑩		**− 20**
差	①	=	**70**

※ **50円**と**20円**の差なら**30円で**すが、「**+ 50円**」と「**− 20円**」の差は**70円**になります。
同じお金を持っていて、**50円もらった**人と**20円使った**人では**70円差**になるようなイメージです。

右の図で、**矢印部分の①**が**70円**というように理解してもいいと思います。

①= 70円になります。
Aは「⑩− 20」なので、
70 × 10 − 20 = <u>680円</u>

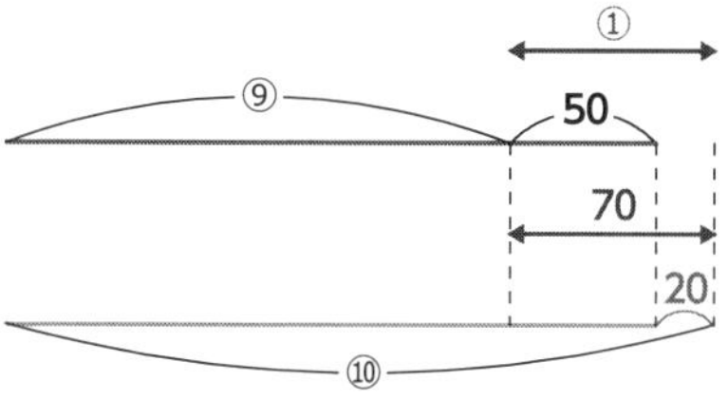

解説 29

A は B より 4700 円多くお金を持っていますが，これは B の所持金の 4 倍より 700 円少ないそうです。A はお金をいくら持っていますか。

「B の 4 倍」とあるので、B を①にします。

A は B より 4700 円多く持っているので「①＋ 4700 円」と表せます。

A は B の 4 倍より 700 円少ないので「④－ 700」とも表せます。

A を 2 通りの方法で表せるので表します。

A	①	**＋ 4700**
A	④	**－ 700**

上下の A は同じなので、①と④の差の③と、「**＋ 4700 円**」と「**－ 700 円**」の差の「5400 円」が等しくなります。

A	①		**＋ 4700**
A	④		**－ 700**
差	③	＝	5400

③＝ 5400 円になります。

①＝ 5400 ÷ 3 ＝ 1800 円

A は「①＋ 4700」なので、1800 ＋ 4700 ＝ 6500 円

解説 30

★

ある学校の男子生徒は全校生徒の$\frac{2}{5}$より 15 人多く，女子生徒は男子生徒の$\frac{2}{3}$より 10 人多い人数です。全校の生徒数は何人ですか。

女子は、「全体の」ではなく、「男子の$\frac{2}{3}$より 10 人多い」という問題です。通常と異なる文面ですので、そこに気付くくらいのていねいさで問題を読みましょう。

基準量が異なりますので、第一印象では、全体は最小公倍数にしませんが、深読みすると、全体を、分母の最小公倍数の⑮にします（女子を求めるときに、全体を⑮にしていた方がスマートに行くので）。**基準量が異なるときも、最小公倍数にする**と決めてもいいと思います。

全体を⑮とします。

			〈式〉
男子	**⑥+ 15**		⑮×$\frac{2}{5}$ + 15
女子	④+ 20		(**⑥+ 15**) ×$\frac{2}{3}$ + 10 =④+ 10 + 10
合計	⑩+ 35	=⑮	

⑩+ 35 =⑮なので、⑤= 35 人です。

①= 35 ÷ 5 = 7 人

全校生徒は⑮なので、⑮= 7 × 15 = 105 人

解説 31

ゆうなさんは2200 円，妹は1600 円持っていましたが，2 人とも同じ値段の本を買ったので，ゆうなさんの所持金は妹の所持金の3 倍になりました。本の値段はいくらですか。

ここから変化のある問題になります。

変化がある問題は「はじめ」「なにをする」「あと」の 3 段階に分けます。

買ったあと、ゆうなさんは妹の 3 倍になったので、③と①にします。

同じ値段の本を買っても差は変わらないから、差に注目します。下に差を書きます。

本の値段を□円にしました。2 人ともお金を□円使うので、「−□」になります。

	はじめ	なに	あと
ゆうな	2200	−□	③
妹	1600	−□	①
差	**600**		②

差が変わらないので、②も **600 円**です。

①＝ 600 ÷ 2 ＝ 300 円

妹で考えると、本を買ったあと、①＝ 300 円残りました。

妹は、1600 円から 300 円になったので、本は 1300 円です。

解説 32

A と B の持っているお金の比は 5：4 です。いま，2 人で買い物に行き，A は持っているお金の 300 円を，B は 200 円をそれぞれ使いました。2 人の残金の合計は 1300 円でした。初めに A はいくら持っていましたか。

初めの A を⑤、B を④とします。残金の合計が 1300 円と分かっているので、下に合計を書きます。

2 人はそれぞれ 300 円と 200 円使うので、「− 300」と「− 200」になります。

	はじめ	なに	あと
A	⑤	− 300	
B	④	− 200	
合計	⑨		1300 円

初めの A と B の合計が分かります。2 人合わせて 500 円使って、残金の合計が 1300 円なので、初めの合計は 1300 + 500 = 1800 円です。

	はじめ	なに	あと
A	⑤	− 300	
B	④	− 200	
合計	⑨ 1800	− 500	1300 円

⑨＝ 1800 円になります。

①＝ 1800 ÷ 9 ＝ 200 円

初めの A は⑤なので、⑤＝ 200 × 5 ＝ 1000 円

解説 33

Ａ とＢ は5：3 の割合でお金を持っていましたが，お母さんから２ 人とも同じ金額のお金をもらったところ，Ａのお金は5600 円，Ｂ のお金は4000 円になりました。２ 人はお母さんからそれぞれいくらのお金をもらいましたか。

お母さんから、同じ金額をもらっても 2 人の差は変わらないことに注目します。

それを利用して、下に差を書きます。それぞれがもらった金額を□円にします。

初めが 5：3 なので、⑤と③にします。

	はじめ	なに	あと
A	⑤	＋□	5600
B	③	＋□	4000
差	②		**1600**

差が変わらないので、②も **1600 円**です。

①＝ 1600 ÷ 2 ＝ 800 円

A で考えると、初めは⑤なので 800 × 5 ＝ 4000 円持っていました。

A は、4000 円から 5600 円になったので、母からもらったのは 1600 円です。

解説 34

A，B の 2 人の所持金の和は 2400 円です。いま，A は 1000 円，B は 100 円もらったので，A の所持金は B の所持金の 4 倍になりました。初めの A の所持金はいくらですか。

初めの所持金の合計が 2400 円なので、合計に注目し、下に**合計**を書きます。

	はじめ	なに	あと
A		+ 1000	④
B		+ 100	①
合計	2400		⑤

あとの 2 人の合計が分かります。2 人合わせて 1100 円もらうので、2 人の合計は 2400 円から 1100 円増えて 3500 円になります。

	はじめ	なに	あと	
A		+ 1000	④	
B		+ 100	①	
合計	2400	+ 1100	⑤	3500

⑤＝ 3500 円になります。

①＝ 3500 ÷ 5 ＝ 700 円

A は④＝ 700 × 4 ＝ 2800 円になりました。

1000 円もらっているので、初めは 1800 円です。

解説 35

兄と弟は 2 人合わせて 3350 円のお金を持っていましたが，兄が 250 円，弟が 370 円使ったので，兄と弟の残金の比は 5：2 になりました。初めに兄が持っていたお金はいくらでしたか。

初めの所持金の合計が 3350 円なので、下に**合計**を書きます。

お金を使うので「－ 250」と「－ 370」になり、使った後のお金を⑤と②にします。

	はじめ	なに	あと
兄		－ 250	⑤
弟		－ 370	②
合計	3350		⑦

2 人合わせて 620 円使うので、2 人の合計は 3350 円から 620 円減って 2730 円になります。

	はじめ	なに	あと	
兄		－ 250	⑤	
弟		－ 370	②	
合計	3350	－ 620	⑦	2730

⑦＝ 2730 円になります。

①＝ 2730 ÷ 7 ＝ 390 円

兄は⑤＝ 390 × 5 ＝ 1950 円になりました。

250 円使っているので、初めは 1950 円より 250 円多い 2200 円です。

解説 36

A と B の持っているお金の比は 5：3 でした。その後，A は買い物に行き 1980 円を使い，B はお母さんからおこづかいの 1000 円をもらいました。すると，2 人のいまのお金は合わせて 2700 円になりました。初めに A はいくら持っていましたか。

いまの 2 人の合計が 2700 円なので、合計に注目し、下に**合計**を書きます。

	はじめ	なに	あと
A	⑤	**− 1980**	
B	③	**+ 1000**	
合計	⑧		2700

A は **1980 円**減りましたが、B は **1000 円**増えました。2 人で考えると **980 円**減ります。

もし、この後、B が 1000 円を A にわたしたら、A は **980 円**減に変わり、B は増減なしになり、2 人で考えると **980 円**減るというようなイメージになります。

2 人で **980 円**減って 2700 円になったので、初めの 2 人は合わせて 3680 円ありました。

	はじめ	なに	あと
A	⑤	**− 1980**	
B	③	**+ 1000**	
合計	⑧ 3680	− **980**	2700

⑧= 3680 円になります。

①= 3680 ÷ 8 = 460 円

初めの A は⑤なので、

⑤= 460 × 5 = <u>2300 円</u>

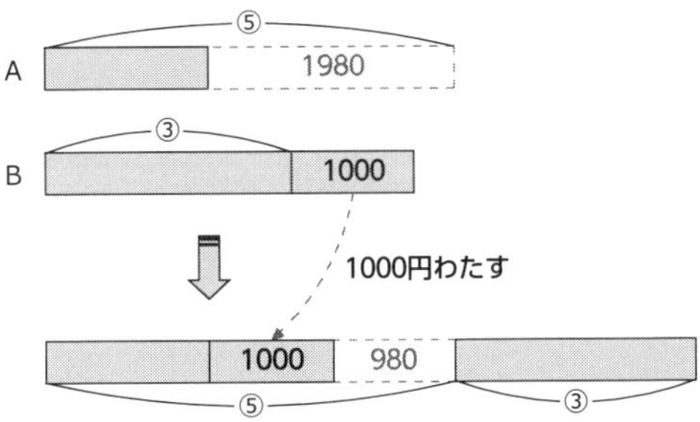

解説 37

花子さんは 2600 円，夏子さんは 700 円貯金があります。今日，2 人とも同じ金額を新しく貯金したので，花子さんの貯金高は夏子さんの貯金高の 3 倍よりも 100 円多くなりました。今日，2 人が貯金した金額はいくらずつですか。

同じ金額を貯金しても 2 人の差は変わらないと考えます。

下に差を書きます。

	はじめ	なに	あと
花子	2600	+□	③+ 100
夏子	700	+□	①
差	1900		

貯金後の差は③+ 100 −①=②+ 100 になります。

2 人の差は変わらないので、②+ 100 は 1900 円になります。

	はじめ	なに	あと	
花子	2600	+□	③+ 100	
夏子	700	+□	①	
差	1900	0	②+ 100	= 1900

②+ 100 = 1900 円

②= 1800 円

①= 1800 ÷ 2 = 900 円

夏子で考えると、初めは 700 円で、貯金後は 900 円です。

貯金したのは 200 円です。

解説 38

★

姉と妹の所持金の比は 7：3 です。姉が妹に 1800 円あげたら，姉は妹より 600 円多くなりました。初めに妹はいくら持っていましたか。

姉が妹にあげた後の差が 600 円と分かっているので、差を考えて解きたくなりますが、**差の変化は分かりにくいので、和で考えます。**

姉が妹にお金をあげても、2 人の合計は変わりません。初めの姉と妹を⑦と③にすると、初めもあとも 2 人の合計は⑩です。

	はじめ	なに	あと
姉	⑦	− 1800	
妹	③	＋ 1800	
合計	⑩		⑩

やりとり後、姉が妹より **600 円**多くなったというのを、姉「⑤**＋ 300**」、妹「⑤**− 300**」にできることが、この問題を簡単に解くポイントです。

	はじめ	なに	あと
姉	⑦	− 1800	⑤＋ 300
妹	③	＋ 1800	⑤− 300
合計	⑩		⑩

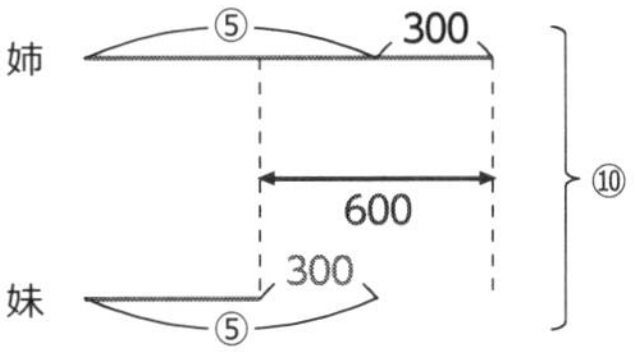

姉で考えます。⑦から 1800 円減ると「⑤＋ 300」になります。

【28】【29】番のように、あとの姉を 2 通りで表します。

姉	⑦	**− 1800**
姉	⑤	**＋ 300**
差	②	2100

丸数字の差は②で、端数《はすう》の差は 2100 円です。

②= 2100円になります。

①= 2100 ÷ 2 = 1050円

初めの妹は③なので、③= 1050 × 3 = 3150円

※ この問題は線分図をかいても分かりやすいですが、仮に、問題の条件が「妹が姉より600円多くなりました」であれば、線分図は難しくなります（【40】番がそのような問題です）。線分図は問題の条件によって、難易度に大きなばらつきが出るという特徴があります。

解説 39

★

兄と弟はいくらかの所持金を持っています。兄が弟に 250 円あげると，兄，弟の所持金は等しくなり，弟が兄に 500 円あげると，兄の所持金は弟の所持金の 6 倍になります。弟の所持金はいくらですか。

合計で考えてみます。2 人でお金をやりとりをしても 2 人の合計は変わりません。

弟が 500 円あげたらの場合で考えてみます。やりとり後は、兄は弟の 6 倍なので、兄と弟を 6 と 1 にすると、初めもあとも 2 人の合計は 7 になります。

しかし、兄が 250 円あげたら等しくなるので、合計は偶数の方がいいです。

やりとり後は、兄を⑫、弟を②にして、初めもあとも 2 人の合計を⑭にします。

	はじめ	なに	あと
兄		+ 500	⑫
弟		− 500	②
合計	⑭		⑭

兄が弟に 250 円あげて等しくなったということは、2 人とも⑦になるので、初めの兄は「**⑦+ 250 円**」、初めの弟は「**⑦− 250 円**」になります。

	はじめ	なに	あと
兄	⑦+ 250	+ 500	⑫
弟	⑦− 250	− 500	②
合計	⑭		⑭

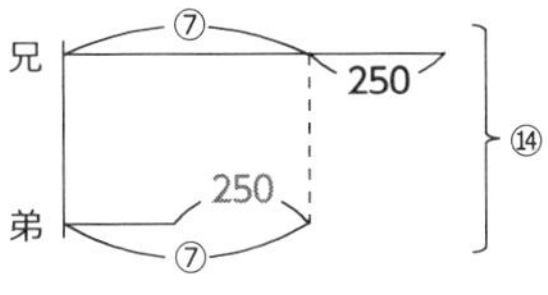

兄で考えると、⑦＋ 250 ＋ 500 ＝⑫です。

⑤＝ 750 円

①＝ 750 ÷ 5 ＝ 150 円

この問題は実際に兄も弟もお金をあげたわけではなく、仮定の話です。

弟の所持金とは「⑦− 250 円」のことです。

⑦− 250 ＝ 150 × 7 − 250 ＝ 800 円

解説 40

★

兄と妹の所持金の比は 7：4 でしたが，兄は 400 円使い，妹は母から 650 円もらったので，逆に，妹の所持金の方が兄の所持金より 270 円多くなりました。兄の初めの所持金はいくらでしたか。

使ったり、もらったりした後の差が 270 円と分かっているので、下に差を書きます。2 人のやりとりだけではないので、【38】【39】番のように和に注目して解くのは難しいです（可能ではありますが）。

どちらが多いか間違えないように、あとの方は妹が多いので「**妹** 270」と書いておきます。こういう細かい作法が大切です。

	はじめ	なに	あと
兄	⑦	− 400	
妹	④	＋ 650	
差	③		**妹** 270

兄は 400 円使って、妹は 650 円もらったので、差が 1050 円縮まります。もし、初めに兄が 1050 円多く持っていたら、2 人は同じ金額になります。

妹の方が 270 円多くなったので、初めの差は 1050 円以下だったことになります。初めの差は 1050 円よりも 270 円少ない 780 円です。

※ いまの考え方は、小学生にとってプラスマイナスの難しい部分なので、小さい数字で考えてイメージしたり、ゆっくりしっかり理解しましょう。「差と見たら反射的にひき算！」というとらえ方は改めましょう。

	はじめ	なに	あと
兄	⑦	− 400	
妹	④	＋ 650	
差	③ 780	1050	**妹** 270

③= 780 円になります。

①= 780 ÷ 3 = 260 円

初めの兄は⑦= 260 × 7 = 1820 円

【38】番で書きましたが、これは、線分図で解くと混乱しやすいです。線分図での解法を頑張ってマスターするより、プラスマイナスを処理するスキルを身につけた方が、受験算数をトータルで考えたときにお得です。

解説 41

> AとBは同じ金額のお金を持っていました。Aは母から500円もらい，Bは800円使ったところ，Aの持っている金額はBの持っている金額の3倍になりました。初めにAの持っていた金額はいくらですか。

初め、同じ金額を持っていたので、差に注目します。下に差を書きます。初めの差は0円です。

同じ金額から、Aは500円もらい、Bは800円使うと、1300円差になります。

	はじめ	なに	あと
A	□	＋500	③
B	□	－800	①
差	0	1300	② 1300

②＝1300円になります。

①＝1300÷2＝650円

Bは、800円使った後が①＝650円です。

初めはそれより800円多い<u>1450円</u>です。

解説 42

A は 800 円，B は 380 円持っていましたが，2 人ともお母さんからお金をもらいました。A は B より 580 円多くもらったので，A のお金は B のお金の 3 倍になりました。A はお母さんからいくらもらいましたか。

母からもらった金額の差が分かっているので、差に注目します。下に差を書きます。

初めに多かった A が、さらに 580 円多くもらえるので、420 円の差から 1000 円の差に広がります。

	はじめ	なに	あと
A	800	＋□＋ 580	③
B	380	＋□	①
差	420	580	② 1000

②＝ 1000 円になります。

①＝ 1000 ÷ 2 ＝ 500 円

A は、母からもらった後が③＝ 500 × 3 ＝ 1500 円です。

初めは 800 円だったので、もらったのは 700 円です。

解説 43

Ａ と Ｂ の持っているお金をくらべると，初め，Ａ は Ｂ より 1000 円多く持っていましたが，Ａ は 1800 円使い，Ｂ は 500 円使ったので，Ａ と Ｂ の持っているお金の比は 7：9 になりました。Ａ は初めにいくら持っていましたか。

初めの 2 人の金額の差が分かっているので、差に注目します。下に差を書きます。

	はじめ	なに	あと
A		− 1800	⑦
B		− 500	⑨
差	**A**1000		**B** ②

初めは **A** の方が 1000 円多かったのに、2 人がお金を使った後は、**B** の方が多くなってしまいました。

それは、A が 1800 円使って、B が 500 円使って、A の方が B よりも 1300 円も多く使っているからです。

A が 1000 円多かったけど、A が 1300 円多く使うと、逆に B が 300 円多くなることをイメージしましょう。

	はじめ	なに	あと
A		− 1800	⑦
B		− 500	⑨
差	**A**1000	1300	**B** ② 300

②＝ 300 円になります。

①＝ 300 ÷ 2 ＝ 150 円

A は、1800 円を使った後は⑦＝ 150 × 7 ＝ 1050 円です。

1800 円を使う前は 2850 円です。

解説 44

A，Bの2人である金額を分けるのにまず$\frac{1}{3}$ずつ取り，残りはAとBが2：3の割合で取ったら，2人の差が320円になりました。Aの金額はいくらですか。

お金を取った後のAとBの差が320円と分かっているので、下に差を書きます。

第一印象では、全体を3にしたくなるところですが、もう少し深く読みます。

2人で$\frac{1}{3}$ずつ分けると、残るのは$\frac{1}{3}$です。

その残った$\frac{1}{3}$を2：3に分けたいので、$\frac{1}{3}$を5にしたいです。

全体を⑮にします。

AとBは初め⑤ずつもらい、その後、Aは②をもらい、Bは③をもらいます。

	はじめ	追加	合計
A	⑤	+②	⑦
B	⑤	+③	⑧
差	0	①	① 320

① ＝ 320円になります。

Aは⑦になるので、⑦＝ 320 × 7 ＝ 2240円

解説 45

28000 円を A，B，C の 3 人に分配するのに，まず 3 人に同額を与え，残りを 5：4：2 に分配したところ，A は C より 2400 円多くなりました。B はいくらもらいましたか。

お金をもらった後の A と C の差が 2400 円と分かっているので、下に **A と C の差**を書きました。こういう加工は初めてですが、積極的に加工しましょう。

28000 円を分けるので、下に合計と書きたくなりますが、それだけでは上手くいきません。書いてみて、上手くいかなかったら次の手を打つというような柔軟な姿勢で問題に接しましょう。

	はじめ	追加	合計
A	□	＋⑤	
B	□	＋④	
C	□	＋②	
A と C の差	0	③	③ 2400
合計	★	⑪	28000

③＝ 2400 円になります。

①＝ 2400 ÷ 3 ＝ 800 円

A と B と C の 3 人は、追加で⑤＋④＋②＝⑪＝ 800 × 11 ＝ 8800 円もらいました。

初めにもらった合計（★）は 28000 － 8800 ＝ 19200 円です。

19200 円を、3 人が公平にもらったので、1 人分は 19200 ÷ 3 ＝ 6400 円です。

①= 800 円なので、追加でもらった金額も分かります。
下のようになります。

	はじめ	追加
A	6400	+ 4000
B	6400	+ 3200
C	6400	+ 1600

B がもらった金額は 6400 + 3200 = 9600 円

解説 46

初め，AとBの持っているお金の比は3:2でした。Aは1500円使い，Bは持っているお金の$\frac{1}{3}$を使ったら，AとBの残ったお金の比は3：4になりました。初め，Aはいくら持っていましたか。

3：2 とあるので、初めのB を 2 にしたいところですが、B は$\frac{1}{3}$を使うので、3 の倍数にもしたいと考えます。初めのB を⑥にします。

A：B ＝ 3：2 で、B が⑥なら、A は⑨になります。

B の$\frac{1}{3}$は②になるので、B は②を使って④が残ります。

	はじめ	なに	あと
A	⑨	－ 1500	
B	⑥	－②	④

A と B の残りの比は 3：4 で、ちょうどB は④になっているので、そのまま使えます。

A は③になります。

※ 今回は 4 でそろっていましたが、そうでなければ、初めの A と B の⑨と⑥を変更する場合もあります。

	はじめ	なに	あと
A	⑨	－⑥ 1500	③
B	⑥	－②	④

A は⑨から③へ、⑥使ったことになるので、⑥＝ 1500 円です。

①＝ 1500 ÷ 6 ＝ 250 円

初めの A は⑨なので、⑨＝ 250 × 9 ＝ <u>2250 円</u>

解説 47

★

長女の貯金から次女の貯金をひいた差は，次女の貯金から三女の貯金をひいた差の $\frac{1}{3}$ 倍です。また，長女の貯金は三女の貯金の $1\frac{2}{3}$ 倍です。3 人の貯金の合計は 6500 円でした。次女の貯金は何円ですか。

差の条件から考えると、考えにくいので、長女は三女の $1\frac{2}{3} = \frac{5}{3}$ 倍の条件から、長女を 5、三女を 3 にしようかと考えます。

そして差の条件から、(長女－次女)：(次女－三女) ＝ 1：3 なので、長女と三女の差を **4** にしたいと考えます。

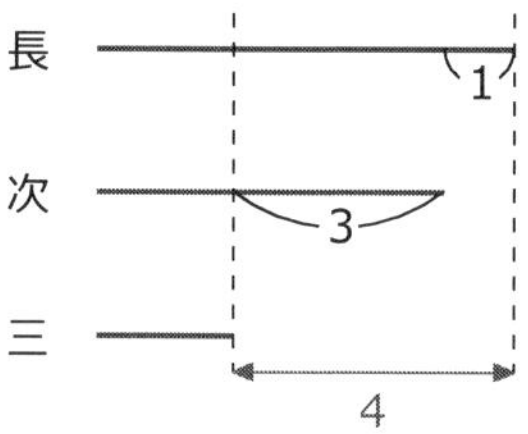

長女と三女の比は 5：3 で、差は 2 なので、それを 2 倍します。

長女を⑩、三女を⑥にして、差を④にします。

次女は、長女との差が①で、三女との差が③になるので、⑨になります。

長女　⑩
次女　⑨
三女　⑥
合計　㉕ 6500 円

㉕＝ 6500 円になります。

①＝ 6500 ÷ 25 ＝ 260 円

次女は⑨なので、⑨＝ 260 × 9 ＝ 2340 円

解説 48

まわりが84 cmの長方形があります。この長方形のたての長さを$\frac{2}{3}$にすると，まわりの長さが68 cmになります。もとの長方形の面積は何㎠ですか。

たてと横の合計が分かります。**まわりの長さの半分**です。

初めは 84 ÷ 2 = 42 ㎝で、たてを変えた後は 68 ÷ 2 = 34 ㎝です。

いつも通りに書き、たてと横の合計が分かるので、下に合計を書きます。

	はじめ	なに	あと
たて			
横			
合計	42		34

たてを$\frac{2}{3}$にしたので、初めのたてを③にして、①を短くして②にしたと考えます。

	はじめ	なに	あと
たて	③	−①	②
横	□		□
合計	42		34

横は変えていないので、たてが①短くなったから、合計も 42 − 34 = 8 ㎝短くなったと考えます。

①= 8 ㎝

初めのたては③= 8 × 3 = 24 ㎝

初めの横（□）は 42 − 24 = 18 ㎝

初めの面積は 24 × 18 = 432 ㎠

解説 49

たて，横の長さの比が2：3 の長方形があります。その長方形のたてを10 cm，横を4 cm長くすると正方形になります。もとの長方形のまわりの長さは何cmですか。

正方形はたてと横の長さが等しいので、差が0 です。差に注目します。

	長方形	なに	正方形
たて	②	＋ 10	□
横	③	＋　4	□
差	①	6	0

長方形のときは、たてと横の差は①ですが、たてを10 ㎝伸ばして、横を4 ㎝伸ばすと、たての方が横より6 ㎝伸びて、差が0 になるので、①＝ 6 ㎝になります。

長方形のたては②＝ 12 ㎝、横は③＝ 18 ㎝
長方形のまわりは（12 ＋ 18）× 2 ＝ 60 ㎝

解説 50

2 つの数 A, B を加えると 350 になり, A に 3 をかけた数と, B を 3 で割った数は等しくなりました。A はいくつですか。

数の性質のような問題文ですが、割合と比の問題です。

答えを同じにするということに注目します。

3 をかけた数(× 3)があるので、答えを③にします。※自由に決めていいです。

いつも通りの書き方ができます。A と B の合計が分かっているので、下に合計を書きます。

	もと	なに	答え
	A	× 3	③
	B	÷ 3	③
合計	350		

逆算すると、A は①、B は⑨になります。

	もと	なに	答え
	A ①	× 3	③
	B ⑨	÷ 3	③
合計	⑩ 350		

⑩= 350 になります。

①= 350 ÷ 10 = 35

A は①で 35 です。

解説 51

探求中学校の全校生徒数は586 人です。男子 180 人と女子の$\frac{1}{4}$がクラブに入っています。クラブに入っていない人数は男女とも同じ人数です。探求中学校の男子生徒は何人ですか。

女子は$\frac{1}{4}$がクラブに入っているので、女子の全体を④、クラブに入っている人を①、入っていない人を③にします。

表は、クラブに入っているは「入」、入っていないは「未」にします。

全校生徒数が分かっているので、下に合計を書きます。

	入	未	合計
男	180		
女	①	③	④
合計			586

男子と女子で入っていない人数が同じなので、男子の入っていない人も③にします。

すると、男子合計と、全校生徒数（男女合計）を書き表せます。

	入	未	合計
男	180	③	③ + 180
女	①	③	④
合計			⑦ + 180 = 586

⑦ + 180 = 586

⑦= 406 人

①= 406 ÷ 7 = 58 人

男子は「③ + 180」になるので、58 × 3 + 180 = 354 人

解説 52

兄と弟は合わせて 9000 円のおこづかいをもらいました。いま，兄は 1800 円使い，弟は自分のおこづかいの $\frac{1}{5}$ を使ったところ，2 人のおこづかいの残った金額は同じになりました。兄は最初いくらもらいましたか。

弟は $\frac{1}{5}$ を使うので、初め⑤で、①を使って④が残ると考えます。

兄も弟と同じ④が残ります。

初めの合計が 9000 円なので、下に合計を書きます。

	はじめ	なに	あと
兄		− 1800	④
弟	⑤	−①	④
合計			

初めの兄も書き入れられます。すると、初めの合計も書き入れられます。

	はじめ	なに	あと
兄	④＋ 1800	− 1800	④
弟	⑤	− ①	④
合計	⑨＋ 1800		

⑨＋ 1800 ＝ 9000 円になります。

⑨＝ 7200 円

①＝ 7200 ÷ 9 ＝ 800 円

初めの兄は「④＋ 1800 円」なので、800 × 4 ＋ 1800 ＝ 5000 円

解説 53

ミカンとカキが合わせて216個あります。そのうち，ミカンは14個くさり，カキは$\frac{1}{4}$がくさったので，残りの個数はミカンはカキより6個多くなりました。初めのミカンの個数は何個でしたか。

いつも通りの「はじめ・なに・あと」でも意味が通じそうですが、ちょっと項目名を変えてみます。

カキは$\frac{1}{4}$がくさるので、④あったうちの①がくさって③が残ると考えます。

	はじめ	くさる	残り
カキ	④	−①	③
ミカン		− 14	

残りのミカンは、カキよりも6個多いので「③+ 6」になります。

初めの合計が216個なので、下に合計を書きます。

初めのミカンも書き入れられます。

	はじめ	くさる	残り
カキ	④	−①	③
ミカン	③+ 20	− 14	③+ 6
合計	⑦+ 20		

⑦+ 20 = 216個になります。

⑦= 196個

①= 196 ÷ 7 = 28個

初めのミカンは「③+ 20個」なので、28 × 3 + 20 = 104個

解説 54

A，B の 2 人の貯金の合計は 5500 円です。A は自分の貯金額の$\frac{2}{7}$を引き出し，B は 1500 円を貯金しましたが，貯金額はまだ A の方が 200 円多いといいます。A の初めの貯金額はいくらですか。

A は$\frac{2}{7}$を引き出すので、⑦から②を引き出して⑤が残ると考えます。

B は貯金しても A より 200 円少ないので、「⑤－ 200」と表せます。

初めの合計が 5500 円と分かっているので、下に合計を書きます。

	はじめ	なに	あと
A	⑦	－②	⑤
B		＋ 1500	⑤－ 200
合計	5500		

初めの B を考えます。

1500 円貯金しても「⑤－ 200」ということは、初めは「⑤－ 1700」でした。プラスマイナスの概念なので、機械的に覚えずに、落ち着いてイメージしましょう。

	はじめ	なに	あと
A	⑦	－②	⑤
B	⑤－ 1700	＋ 1500	⑤－ 200
合計	⑫－ 1700		

⑫－ 1700 ＝ 5500 円になります。

⑫＝ 7200 円

①＝ 7200 ÷ 12 ＝ 600 円

初めの A は⑦なので、⑦＝ 600 × 7 ＝ 4200 円

解説 55

A はBの4倍で，A の3倍とB の5倍の和が119になるとき，A はいくつですか。

A はBの4倍なので、A を④、B を①とします。

3倍や5倍した積の和が119なので、下に合計を書きます。

	はじめ	倍	積
A	④	× 3	⑫
B	①	× 5	⑤
合計			⑰ 119

⑰＝ 119 になります。

①＝ 119 ÷ 17 ＝ 7

A は④なので、7 × 4 ＝ 28

解説 56

きよし君は 1 万円を持ってデパートへ買い物に行き，セーター 1 枚と靴下 5 足を買ったら 4900 円残りました。セーター 1 枚の値段は靴下 1 足の値段の 12 倍でした。セーター 1 枚の値段はいくらでしたか。

セーター 1 枚は靴下 1 足の 12 倍の値段なので、靴下 1 足の値段を①、セーター 1 枚の値段を⑫とします。

	単価	個数	合計金額
セーター	⑫	1 枚	⑫
靴下	①	5 足	⑤

単価とは 1 枚の値段です。「単価・個数・合計金額」と書くのは、本書では初めてですが、よく書きます。「たこ号」と呼んでください。

10000 円出しておつりは 4900 円なので、合計金額は 5100 円です。下に合計を書きます。

	単価	個数	合計金額
セーター	⑫	1 枚	⑫
靴下	①	5 足	⑤
合計			⑰ 5100

⑰＝ 5100 円になります。

①＝ 5100 ÷ 17 ＝ 300 円

セーター 1 枚は⑫なので、⑫＝ 300 × 12 ＝ 3600 円

解説 57

A，B，C の 3 種類の缶詰があります。1 個につき B は A より 40 円高く，C より 90 円安いです。A 5 個と B 4 個と C 3 個を買い，150 円負けてもらったので，ちょうど 2500 円になりました。B 1 個の値段は何円ですか。

4 年生ならば 1 番安い A に値段をそろえて解いていきますが、ここでは分配の法則を使って解いてしまいます。

1 番安いのは A なので、A を①にします。

B は A よりも 40 円高いので、B は「①＋ 40 円」

C は B よりも 90 円高いので、C は「①＋ 130 円」

	単価	個数	合計金額
A	①	5	⑤
B	①＋　40	4	④＋ 160
C	①＋ 130	3	③＋ 390
合計			

それぞれの合計金額を求めるときは、分配の法則を使っています。

150 円値引きして 2500 円になるので、値引きなしならば 2650 円です。

	単価	個数	合計金額
A	①	5	⑤
B	①＋　40	4	④＋ 160
C	①＋ 130	3	③＋ 390
合計			⑫＋ 550 ＝ 2650

⑫＋ 550 ＝ 2650 円

⑫＝ 2100 円

①＝ 2100 ÷ 12 ＝ 175 円

B は「①＋ 40」なので、175 ＋ 40 ＝ 215 円

解説 58

10 円玉と 50 円玉と 100 円玉の枚数の比が 4：3：1 で，合計金額は 2320 円です。50 円玉は何枚ありますか。

10 円玉と 50 円玉と 100 円玉の枚数の比は 4：3：1 とありますが、4 枚と 3 枚と 1 枚にして計算します。

※ 枚数を④と③と①にして、丸数字で解いてもいいですが、ここではイメージ優先で、実際の枚数にしてみます。次の【59】番は端数《はすう》が出てくるので、丸数字にしています。

合計金額が 2320 円と分かっているので、下に合計と書きます。

単価	個数	合計金額
10（円玉）	4	40
50（円玉）	3	150
100（円玉）	1	100
合計金額		290

実際の合計金額の 2320 円は、290 円の 2320 ÷ 290 ＝ 8 倍です。

枚数を 8 倍にすれば、金額も 8 倍になるので、実際の枚数になります。

実際の 50 円玉は 3 × 8 ＝ 24 枚です。

解説 59

> 1 本 100 円のジュースと 1 本 130 円のコーヒーを売る自動販売機があります。この自動販売機のある日の売上金の合計が 18800 円で，ジュースはコーヒーの 3 倍よりも 16 本多く売れました。ジュースは何本売れましたか。

コーヒーの本数を①にします。ジュースの本数は「**③+ 16**」になります。

【57】 番にも書きましたが、「**+ 16**」のような端数《はすう》はカットして同じ本数にしてもいいですが、分配の法則で解いてしまいます。

	単価	個数	合計金額
ジュース	100	③+ 16	300 + 1600
コーヒー	130	①	130
合計			430 + 1600 ＝ 18800

430 + 1600 ＝ 18800 円になります。

430 ＝ 17200 **円**

① ＝ 17200 ÷ 430 ＝ 40 **本**

※ わり算をしたら、「**円**」から「**本**」に変わりましたが、わり算では、よくあることなので、気にしないようにしましょう。かけ算でも、当然、変わりますが、かけ算は変わっても違和感がないと思います。

ジュースは「③+ 16」なので、40 × 3 ＋ 16 ＝ 136 本

解説 60

10 円玉，50 円玉，100 円玉の 3 種類の硬貨で 3420 円あります。10 円玉は 100 円玉より 6 枚少なく，50 円玉と 100 円玉の枚数の比は 2：7 です。10 円玉は何枚ありますか。

50 円玉の枚数を②、100 円玉の枚数を⑦にします。

すると、10 円玉の枚数は「⑦－ 6」と表すことができます。

10 円玉の合計金額は、分配の法則を使います。

単価	個数	合計金額
10（円玉）	⑦－ 6	(70)－ 60
50（円玉）	②	(100)
100（円玉）	⑦	(700)
合計		(870)－ 60 ＝ 3420

(870)－ 60 ＝ 3420 円になります。

(870)＝ 3480 円

①＝ 3480 ÷ 870 ＝ 4 枚

10 円玉は「⑦－ 6」なので、4 × 7 － 6 ＝ 22 枚

解説 61

100 円玉と 500 円玉の合計枚数は 260 枚で，金額の比は 2：3 のとき，500 円玉は全部で何枚ありますか。

まちがいやすい問題です。**2：3 は枚数の比ではなく、金額の比**です。

金額を、2：3 より、2000 円と 3000 円にしてイメージしやすいように解いてみます。

2000 円と 3000 円にした理由は、100 円玉や 500 円玉で支払えるからです。どのような金額にしてもいいですが、割り切れて、できるだけ小さい数にすることがベストです。

単価	個数	合計金額
100（円玉）		2000 円
500（円玉）		3000 円

枚数（個数）を求めます。この金額ならば、枚数は簡単に計算できますね。

合計枚数が分かっているので、下に合計を書きます。

単価	個数	合計金額
100（円玉）	20 枚	2000 円
500（円玉）	6 枚	3000 円
合計	26 枚	

合計枚数は 26 枚になっていますが、実際の合計枚数は 260 枚です。

10 倍になっています。

実際の 500 円玉の枚数も 6 枚の 10 倍の 60 枚です。

解説 62

★

林間学校の部屋割りで，1 室に 8 人ずつにするとちょうど 3 室あまります。そこで部屋全部を 6 人部屋と 8 人部屋に分け，その部屋数の比を 2：5 にしたら全員が入ることができました。この宿舎の部屋数は何室ありますか。

過不足算のような問題文ですが、たこ号のような書き方で解いてしまいます。

6 人部屋と 8 人部屋の部屋数の比が 2：5 なので、部屋数の合計を⑦にします。

3 室あまるというのは、使う部屋数は「⑦－ 3」です。あまるはプラスという雑なとらえ方はやめて、落ち着いて考えるようにしましょう。

	1 室	室数	合計人数
Ⅰ	8（人部屋）	⑦－ 3	(56)－ 24
Ⅱ	6（人部屋）	②	⑫
Ⅲ	8（人部屋）	⑤	㊵

合計人数は、「Ⅰ」または「Ⅱ＋Ⅲ」です。

Ⅰ　＝　(56)－ 24 人

Ⅱ＋Ⅲ　＝　(52)

(56)と(52)の差の④が 24 人です。

①＝ 24 ÷ 4 ＝ 6

部屋数の合計は⑦なので、⑦＝ 6 × 7 ＝ 42 室

解説 63

Bは A の 1.5 倍のお金を持って，2 人で買い物に行きました。A は持っているお金の$\frac{1}{3}$を，B は持っているお金の$\frac{2}{5}$を使いました。2 人の残金を合計したら 1880 円でした。B はいくら持って買い物に行きましたか。

B は A の 1.5 倍なので、A：B ＝ 10：15 ＝ 2：3 と考えます（□.5 の場合はいきなり 2 倍して 2：3 にすることが望ましいです）。

A を 2、B を 3 にしたいところですが、A は 3 の倍数にしたいです。

まず 3 倍して、A を 6、B を 9 にしますが、B は 5 の倍数にしたいです。

次に 5 倍して、A を㉚、B を㊺にします。これで確定なので、丸数字にしました。

A は㉚× $\frac{1}{3}$ ＝⑩を使い、B は㊺×$\frac{2}{5}$＝⑱を使います。

残金の合計が分かっているので、下に合計を書きます。

	はじめ	なに	あと
A	㉚	－⑩	⑳
B	㊺	－⑱	㉗
合計			㊼ 1880 円

㊼＝ 1880 円になります。

①＝ 1880 ÷ 47 ＝ 40 円

初めの B は㊺なので、㊺＝ 40 × 45 ＝ 1800 円

解説 64

A，B，Cの3人が正月にお年玉をもらいました。AはCの$\frac{7}{9}$，BはCの$\frac{5}{6}$をもらい，Aの$\frac{1}{7}$はBの$\frac{1}{5}$より500円少ないそうです。Cは何円もらったことになりますか。

C を分母の 9 と 6 の最小公倍数の⑱にします。端数《はすう》がないので、連比にして解いてもいいです。

A は⑱× $\frac{7}{9}$ ＝⑭

B は⑱× $\frac{5}{6}$ ＝⑮

いつも通りたてにならべますが、もう C は不要のようです。

500 円を表したいので、下に差を書きます。

もと	計算	結果
A ⑭	$\times\frac{1}{7}$	②
B ⑮	$\times\frac{1}{5}$	③
差		① 500 円

①＝ 500 円になります。

C は⑱なので、⑱＝ 500 × 18 ＝ 9000 円

解説 65

探求中学校では，昨年度の入学者の男子の人数は女子の人数の 60 %でした。本年度は男子は 20 %増え，女子は 10 %減ったので，男女の人数の差は 72 人になりました。本年度の男子は何人ですか。

百分率も歩合も、いったん分数から考えていくとイメージしやすいです。

60 %は $\frac{60}{100}=\frac{3}{5}$ 、20 %は $\frac{20}{100}=\frac{1}{5}$ 、10 %は $\frac{10}{100}=\frac{1}{10}$ です。

昨年の男子は女子の $\frac{3}{5}$ です。

昨年の男子を 3、女子を 5 にしたいところですが、もう少し深読みします。

男子は $\frac{1}{5}$ 増え、女子は $\frac{1}{10}$ 減るので、男子を㉚、女子を㊿にします。

男子は $\frac{1}{5}$ 増えるので、㉚×$\frac{1}{5}$ =⑥増えます。

女子は $\frac{1}{10}$ 減るので、㊿× $\frac{1}{10}$ =⑤減ります。

今年の差の 72 人を書けるように、下に差を書きます。

	昨年	なに	今年
男	㉚	＋⑥	㊱
女	㊿	－⑤	㊺
差			⑨ 72

⑨＝ 72 人になります。

①＝ 72 ÷ 9 ＝ 8 人

今年の男子は㊱なので、㊱＝ 8 × 36 ＝ 288 人

解説 66

ナシ 2 個の値段とミカン 5 個の値段は同じで，ナシ 4 個とミカン 7 個を買うと 1020 円です。ナシ 1 個の値段はいくらですか。

ここから逆比の登場です。**「同じ」「等しい」とあったら、逆比を連想しましょう。**

ナシ 2 個とミカン 5 個は等しいので、1 個の値段の比は、逆比の 5:2 です。下の図でイメージしましょう。

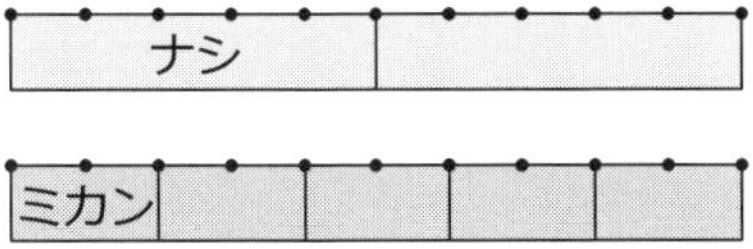

ナシ 1 個の値段を⑤、ミカン 1 個の値段を②とします。

たこ号を書き、1020 円を書きたいので、下に合計を書きます。

	単価	個数	合計金額
ナシ	⑤	4	⑳
ミカン	②	7	⑭
			㉞ 1020 円

㉞＝ 1020 円になります。

①＝ 1020 ÷ 34 ＝ 30 円

ナシ 1 個は⑤なので、⑤＝ 30 × 5 ＝ 150 円

解説 67

ナシ 3 個の値段とミカン 5 個の値段は等しく，ミカン 8 個とリンゴ 5 個の値段は等しい。ナシ 3 個，ミカン 4 個，リンゴ 5 個を買うと 765 円かかります。リンゴ 1 個の値段を求めなさい。

【66】番は 2 種類の果物でしたが、今度は 3 種類の果物です。

ナシ 3 個とミカン 5 個が等しいので、1 個の値段の比は、

〈ナシ〉:〈ミカン〉＝ 5：3 です。

ミカン 8 個とリンゴ 5 個が等しいので、1 個の値段の比は、

〈ミカン〉:〈リンゴ〉＝ 5：8 です。

連比にします。

ナシ	ミカン	リンゴ
5	3	
	5	8
25	15	24

1 個の値段を、ナシを㉕、ミカンを⑮、リンゴを㉔にします。

たこ号を書きます。765 円を書きたいので、下に合計を書きます。

	単価	個数	合計金額
ナシ	㉕	3	(75)
ミカン	⑮	4	(60)
リンゴ	㉔	5	(120)
			(255) 765 円

(255)＝ 765 円になります。

①＝ 765 ÷ 255 ＝ 3 円

リンゴ 1 個は㉔なので、㉔＝ 3 × 24 ＝ 72 円

解説 68

A，B の 2 種類のつみ木があります。A のつみ木 20 個の重さは B のつみ木 25 個の重さより 50g 重く，A 6 個と B 10 個の重さは同じです。B 1 個の重さは何 g ですか。

【66】【67】番は値段の比でしたが、今回は重さの比です。本質は同じです。

【66】番は図をかきましたが、今回は図がなくても重さを適当に決めることでイメージできると思います。

A 6 個と B 10 個は、重さが等しいので、その重さを最小公倍数の 30 g とします。

A 6 個で 30 g なら、A 1 個は 5 g、B 10 個で 30 g なら、B 1 個は 3 g となります。

A と B の 1 個の重さの比は 5：3 になることが分かりましたね。

A 1 個の重さを⑤、B 1 個の重さを③にします。

差の 50 g を書き入れたいので、下に差を書きます。

	1 個	個数	合計重量
A	⑤	20	(100)
B	③	25	⑦⑤
差			㉕ 50 g

㉕＝ 50 g になります。

①＝ 50 ÷ 25 ＝ 2 g

B 1 個の重さは③なので、③＝ 2 × 3 ＝ <u>6 g</u>

解説 69

ようた君の持っているお金でノートを買うとちょうど 12 冊，シャーペンならちょうど 9 本，ボールペンならちょうど 8 本買えます。ようた君がシャーペンとボールペンを 1 本ずつ買い，残りのお金でノートを買うとすると，ノートは何冊まで買えますか。

ようた君の持っている金額を決めたくなりますね。

12 と 9 と 8 で割れる数にします。

つまり、ようた君の持っているお金を、12 と 9 と 8 の最小公倍数の(72)にします。

ノート 1 冊は(72)÷ 12 =⑥

シャーペン 1 本は(72)÷ 9 =⑧

ボールペン 1 本は(72)÷ 8 =⑨

	単価	個数	合計金額
シャーペン	⑧	1	⑧
ボールペン	⑨	1	⑨
ノート	⑥		★
合計			(72)

★は(72)−⑧−⑨=(55) です。

ノート 1 冊は⑥なので、9 冊まで買えます。

	単価	個数	合計金額
シャーペン	⑧	1	⑧
ボールペン	⑨	1	⑨
ノート	⑥	9	(54)
合計			(71)

お金は①あまりますが、それでいいです。9 冊です。

解説 70

3 つの品物 A，B，C の値段の関係は，A は B の 7 割で，B は C より 300 円高く，また A 4 個と C 3 個の値段が同じであることが分かりました。A の値段はいくらですか。

「同じ」というキーワードから逆比を使うかも？と考えましょう。

A 4 個と C 3 個が同じことから、A と C の 1 個の値段の比は 3：4 です。

A は B の 7 割なので、A は B の $\frac{7}{10}$ ということで、A：B ＝ 7：10 です。

比を使っているので、300 円は後回しです。

これで連比にできます。

A	B	C
3		4
7	10	
21	30	28

A を㉑、B を㉚、C を㉘にします。

いよいよ 300 円を使います。

B	㉚
C	㉘
差	② 300 円

②＝ 300 円になります。

①＝ 300 ÷ 2 ＝ 150 円

A は㉑なので、㉑＝ 150 × 21 ＝ <u>3150 円</u>

解説 71

長さの差が78 cmある2本の竹ざおを，プールの底にとどくまでまっすぐに立てたら，短い竹ざおは$\frac{3}{5}$，長い竹ざおは$\frac{4}{11}$だけ水につかりました。プールの水の深さは何cmですか。

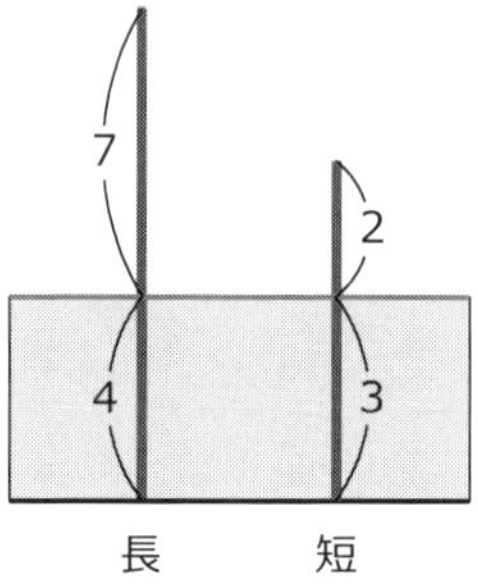

棒を水の中に入れる問題も、いつも通りのような書き方で解けます。

右のような図をかいて、イメージを湧《わ》かせて解いてもいいです。

	水中	水上	全体
長			
短			

短い方は$\mathbf{\frac{3}{5}}$がつかり、長い方は$\mathbf{\frac{4}{11}}$がつかるので、下のように書きます。

	水中	水上	全体
長	**4**	7	**11**
短	**3**	2	**5**

ところが、長い竹ざおや短い竹ざおの4：7や3：2は成り立っていますが、水中の4：3や水上の7：2や全体の11：5は成り立っていません。**使えない暫定《ざんてい》の比**と呼ぶことにします。

とりあえず、暫定の数字を書いたにすぎません。この状態で計算しても意味がありません。

問題の条件にははっきり書いていませんが、水中に入った長さが等しいと思われます。

上の表では水中が**4**と**3**になっているので、これを同じ数字にしたいので、

4 と 3 の最小公倍数の⑫にします。

長い竹ざおは 4 を⑫にするので、水上も全体も 3 倍にします。

短い竹ざおは 3 を⑫にするので、水上も全体も 4 倍にします。

	水中	水上	全体
長	⑫	㉑	㉝
短	⑫	⑧	⑳

これで**使える比**になりました。

2 本の竹ざおの長さの差が 78 ㎝なので、差を書きます。

	水中	水上	全体
長	⑫	㉑	㉝
短	⑫	⑧	⑳
差			⑬ 78 ㎝

⑬＝ 78 ㎝になります。

①＝ 78 ÷ 13 ＝ 6 ㎝

プールの深さは、水中のことなので⑫です。

⑫＝ 6 × 12 ＝ 72 ㎝

解説 72

A，B 2 枚の正五角形を重ねて図のような図形をつくったら，その面積は 222 ㎠で，重なっている部分の面積は A の$\frac{6}{11}$，B の$\frac{4}{9}$でした。

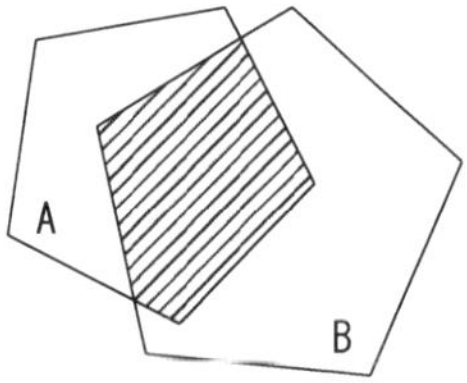

⑴ 重なっている部分の面積を求めなさい。

⑵ B の面積を求めなさい。

(1)【71】番と本質は同じ問題です。

A は$\frac{6}{11}$が重なっていて、B は$\frac{4}{9}$が重なっているので、下のように書きます。

	重なり	他	全体
A	6	5	11
B	4	5	9

まだ使えない暫定な比です。

重なりは同じ面積なので、同じ数字にしたら、使える比になります。

上の表では、重なりは 6 と 4 になっているので、これを 6 と 4 の最小公倍数の⑫にします。

A は 6 を⑫にするので 2 倍にします。

B は 4 を⑫にするので 3 倍にします。

	重なり	他	全体
A	⑫	⑩	㉒
B	⑫	⑮	㉗

これで使える比になりました。

全体の面積 222 ㎠は、⑫＋⑩＋⑮＝㊲です。

㊲＝ 222 ㎠

①＝ 222 ÷ 37 ＝ 6 ㎠

重なっている部分は⑫なので、⑫＝ 6 × 12 ＝ **72 ㎠**

右の図のように連比にしてもいいです。

(2) B は㉗なので、㉗＝ 6 × 27 ＝ **162 ㎠**

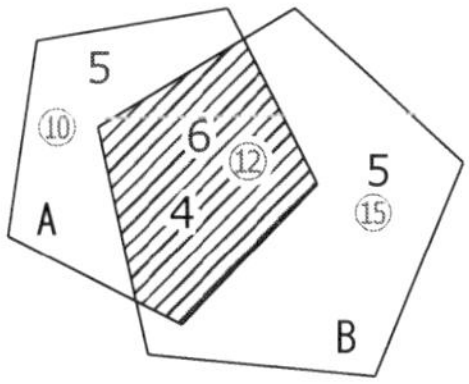

解説 73

A，B，C の 3 人が正月にお年玉を合わせて 17950 円もらいました。3 人はそれぞれ同じ金額を貯金しました。残った金額のもらった金額に対する割合は，A が$\frac{7}{9}$，B が$\frac{4}{7}$，C が$\frac{5}{12}$でした。1 人の貯金額はいくらですか。

A は$\mathbf{\frac{7}{9}}$を残し、B は$\mathbf{\frac{4}{7}}$を残し、C は$\mathbf{\frac{5}{12}}$を残すので、下のような暫定《ざんてい》の比の表にします。

	全体	貯金	残り
A	**9**	2	**7**
B	**7**	3	**4**
C	**12**	7	**5**

貯金額は同じなので、2 と 3 と 7 を同じ金額にしたいです。

こういうときは最小公倍数です。2 と 3 と 7 の最小公倍数の㊷にします。

㊷にするのに、A は 2 を 21 倍、B は 3 を 14 倍、C は 7 を 6 倍します。全体も残りも、A は 21 倍、B は 14 倍、C は 6 倍します。

	全体	貯金	残り
A	(189)	㊷	(147)
B	(98)	㊷	(56)
C	(72)	㊷	㉚
合計	(359) 17950		

(359)＝ 17950 円になります。

①＝ 17950 ÷ 359 ＝ 50 円

1 人の貯金額は㊷なので、㊷＝ 50 × 42 ＝ 2100 円

解説 74

★

A，B の 2 つの数があります。A の $\frac{3}{8}$ は B の $\frac{1}{2}$ に等しく，A の $\frac{5}{7}$ が B の $\frac{3}{4}$ より 34 大きいとき，A はいくつになりますか。

【71】【72】【73】番の類題ですが、これは最小公倍数が使いにくいです。

こういうときは、$A \times \frac{3}{8} = B \times \frac{1}{2}$ と式をつくり、答えを 1 にしてしまいます。

$A \times \frac{3}{8} = 1$ より、$A = \frac{8}{3}$

$B \times \frac{1}{2} = 1$ より、$B = 2$

整数比にしたいです。

$A : B = \frac{8}{3} : \frac{2}{1} = \frac{8}{3} : \frac{6}{3} = 8 : 6 = 4 : 3$ です。

	はじめ	なに	あと
A	4	$\times \frac{5}{7}$	$\frac{20}{7}$
B	3	$\times \frac{3}{4}$	$\frac{9}{4}$
差			$\frac{17}{28}$

$\frac{17}{28}$ が、実際は 34 です。

56 倍になっています。

A の初めの 4 を 56 倍すると実際の数になります。

$4 \times 56 = \underline{224}$

解説 75

★

夏美さんの持っているお金の 3 割は，秋男君の持っているお金の 20 %で，春乃さんの持っているお金は秋男君の持っているお金の 2 割 5 分増しです。3 人の持っているお金の合計は 1750 円です。夏美さんはいくら持っていますか。

3 割は$\frac{3}{10}$、20 %は$\frac{1}{5}$なので、夏美の$\frac{3}{10}$と秋男の$\frac{1}{5}$は等しいです。

これも【74】番のように式を書いて答えを 1 にした方が、シンプルで解き進めやすいです。

夏美×$\frac{3}{10}$ = 1

秋男×$\frac{1}{5}$ = 1

夏美：秋男= $\frac{10}{3}$ ：$\frac{5}{1}$= $\frac{10}{3}$ ：$\frac{15}{3}$= 10：15 = 2：3

夏美を 2、秋男を 3 にしたいところですが、春乃も考えます。

2 割 5 分は$\frac{1}{4}$です。

※ 5 割は$\frac{1}{2}$、2 割 5 分は$\frac{1}{4}$、7 割 5 分は$\frac{3}{4}$の 3 つは身につけましょう。

2 割 5 分増しとは$\frac{1}{4}$多いことなので、秋男は 4 の倍数がいいです。

秋男は 3 ではなく、4 の倍数の⑫にします。

秋男が⑫なら、2：3 より、夏美は⑧になります。

⑫の$\frac{1}{4}$は③なので、春乃は⑫より③多い⑮になります。

春乃	⑮
夏美	⑧
秋男	⑫
合計	㉟ 1750 円

㉟= 1750 円になります。

①= 1750 ÷ 35 = 50 円

夏美は⑧なので、⑧= 50 × 8 = 400 円

解説 76

★

ミカンが何個かあります。このミカンを袋に入れて売ることにしました。1袋に10個ずつ入れて1袋360円で売るのと1袋に8個ずつ入れて1袋300円で売るのでは，全部売ったときに300円の差になります。ミカンは全部で何個ありますか。

イメージしやすいように、ミカンの全体の個数を決めてみます。全体の個数を決める解き方は常に解法の候補にしておくようにしましょう。

※ **全体の個数を決める解き方も、やっていることは逆比と同じです。**

1 袋に 10 個ずつ入れる場合と、1 袋に 8 個ずつ入れる場合があるので、全体の個数は、10 と 8 で割れる数がいいです。

ミカンの全体の個数を、10 と 8 の最小公倍数の 40 個にします。

表にしますが、項目名に売上《うりあげ》を入れます。売り上げ（売上）とは売れた分の合計金額です。

1 袋	袋	売上
10 個	4	
8 個	5	

10 個入りは 1 袋 360 円なので、4 袋売れると 360 × 4 = 1440 円になります。

8 個入りは 1 袋 300 円なので、5 袋売れると 300 × 5 = 1500 円になります。

実際は 300 円の差になるので、下に差を書きます。

1 袋	袋	売上
10 個	4	1440 円
8 個	5	1500 円
差		60 円

いまの差は 60 円ですが、実際の差は、その 5 倍の 300 円です。

差が 5 倍になるので、ミカンの実際の個数も 40 個の 5 倍になります。

40 × 5 = 200 個

解説 77

★

55 人乗りのバスを 1 台借りて，野球を観戦しに行く計画を立てました。参加費用は入場料とバス代です。入場料は全員同じ金額です。バス代はバス 1 台を借りる金額を参加人数で割ります。1 人あたりの参加費用を計算すると，人数が 25 人ならば 4040 円となり，30 人ならば 3650 円となります。次の問いに答えなさい。

(1) 1 人の入場料はいくらですか。

(2) 1 人あたりの参加費用が 3000 円以下となるような最も少ない人数は何人ですか。

(1) バス 1 台の料金は人数で均等に分けます。

バス 1 台の料金を、25 人や 30 人で割れるように、最小公倍数の(150)にすることがポイントです。下のようになります。

25 人のときは、1 人のバス代は (150)÷ 25 =⑥

30 人のときは、1 人のバス代は (150)÷ 30 =⑤

入場料とバス代で、参加費用になります。

合計で考えるか、差で考えるか、分かりにくいですが、合計では考えられないので、差で考えます。こっちでダメならそっちを試すという柔軟さは大切です。

	入場料	バス代	参加費用
25 人	□	⑥	4040 円
30 人	□	⑤	3650 円
差		①	390 円

参加費用の差の 390 円が、バス代の差の①にあたります。

ここから、⑤＝ 390 × 5 ＝ 1950 円と求められ、1 人の入場料が分かります。

1 人の入場料は 3650 − 1950 ＝ 1700 円

(2) 参加費用を 3000 円以下にするためには、バス代を 3000 − 1700 ＝ 1300 円以下にします。

	入場料	バス代	参加費用
30 人	1700 円	1950 円	3650 円
★	1700 円	1300 円	3000 円

バス代は、実際の 1 台分の金額を求めた方がイメージしやすいと思います。

実際の 1 台のバス代は 150 ＝ 390 × 150 ＝ 58500 円です。

1 人のバス代を 1300 円以下にするには 58500 ÷ 1300=45 人以上です。

★は 45 人で、ちょうど割り切れたので、答えは 45 人です。

解説 78

★

A, B, C の 3 人がいっしょにボビーさんの家に遊びに行きました。A がケーキを買い，B がジュースを買い，駅からボビーさんの家までのタクシー代は C が払いました。その後，これらのすべての代金を 3 人で均等に払うことにし，B は A に 1300 円を，C に 100 円を払いました。また，ケーキの代金はジュースの代金の 2 倍にタクシー代を加えた金額と同じでした。

⑴ ジュース代はいくらですか。

⑵ 均等に払うと，1 人いくらになりましたか。

(1) 最終的な 1 人分の代金を①にすると分かりやすいと思います。

やりとりから、下の 3 つの条件が分かります。

・A（ケーキ）は、B から 1300 円もらったので、ケーキ代は、①より 1300 円多い。

・B（ジュース）は、A に 1300 円、C に 100 円払ったので、ジュース代は、①より 1400 円少ない。

・C（タクシー）は、B から 100 円もらったので、タクシー代は、①より 100 円多い。

ケーキ代	①	＋ 1300 円
ジュース代	①	− 1400 円
タクシー代	①	＋ 100 円

ジュース代の 2 倍にタクシー代を加えます。

(①− 1400) × 2 ＋ ①＋ 100 ＝ ③− 2700 円

それがケーキ代と同じ金額になります。

①　　+ 1300 円
③　　− 2700 円
差　②＝　**4000 円**

①と③の差の②と、「+ 1300」と「− 2700」の差の **4000 円**が等しいです。1300 と 2700 の差ならば 1400 円ですが、「+ 1300」と「− 2700」の差はそうはなりませんね。もう慣れてきていますか？

②＝ 4000 円
①＝ 4000 ÷ 2 ＝ 2000 円
ジュース代は「①− 1400」なので、
2000 − 1400 ＝ 600 円

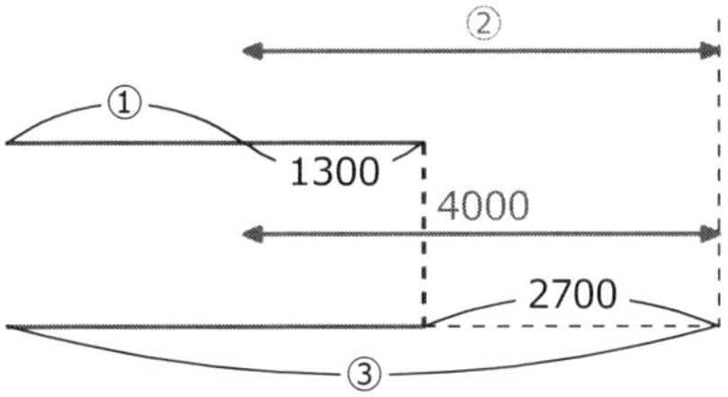

(2) 1 人分は①で 2000 円です。

解説 79

A，B の 2 つの長方形があって，たての長さの比は 8：3，横の長さの比は 6：7 です。この 2 つの長方形の面積の比を求めなさい。

A と B のたての比が **8：3** になっていて、A と B の横の比が 6：7 になっているので、下の図のようにマス目で表すことができます。

マス目の**たての長さ**どうし、**横の長さ**どうしが等しくなるので、1 マスの面積が同じです。

マス目の個数が面積比になります。簡単に言うと、公式通り、たてと横の比をかけて面積比になります。

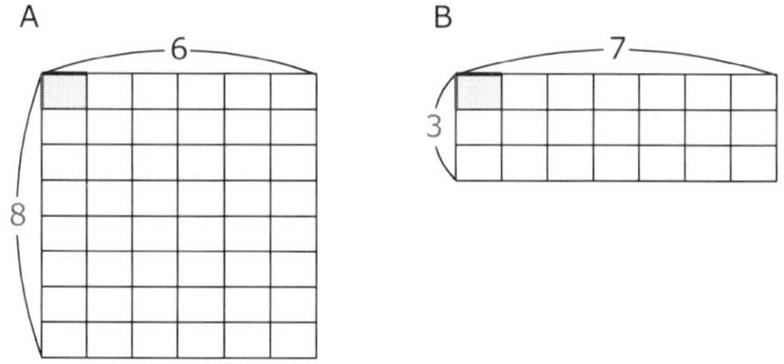

	たて	横	面積
A	8	6	48
B	3	7	21

面積比は 48：21 ＝ 16：7 です。

解説 80

まわりの長さが等しい A，B の 2 つの長方形があります。この長方形のたてと横の長さの比は A が 4：1，B が 5：4 です。このとき，この 2 つの長方形の面積の比を最も簡単な整数の比で表しなさい。

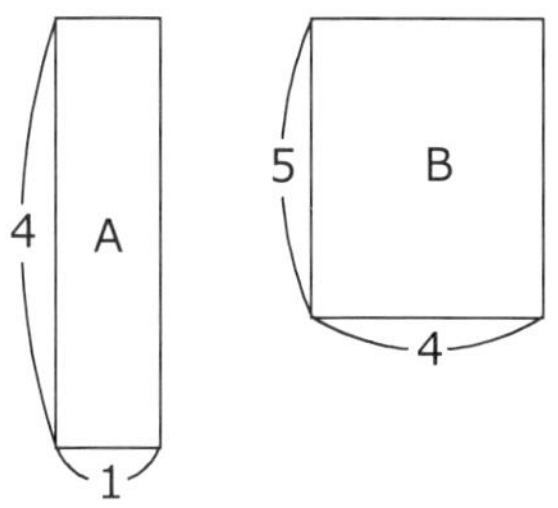

【79】番のように、A の面積を 4 × 1 ＝ 4、B の面積を 5 × 4 ＝ 20 としたらダメです。

右の図は問題文の条件通り、まわりの長さが同じになるようにかいたものですが、あきらかに、A と B のたての長さの比が 4：5 ではなく、A と B の横の長さの比が 1：4 でもないです。

【79】番のように同じマス目の図になりません。

まわりの長さが等しいという条件があるので、長さを決めます。

まわりの長さが等しいので、たてと横の長さの和も等しくなります。

たてと横の長さの和を決めます。

A はたてと横の比が 4：1 なので、5 の倍数にしたいです。

B はたてと横の比が 5：4 なので、9 の倍数にしたいです。

5 と 9 の最小公倍数の 45 ㎝にします。単位はあってもなくてもいいですが、イメージしやすいように「㎝」にしてみました。

	たて	横	合計
A			45 ㎝
B			45 ㎝

A は 45 ㎝を 4：1 に分けて、36 ㎝と 9 ㎝

B は 45 ㎝を 5：4 に分けて、25 ㎝と 20 ㎝

	たて	横	面積
A	36 ㎝	9 ㎝	324 ㎠
B	25 ㎝	20 ㎝	500 ㎠

面積の比は 324：500 ＝ <u>81：125</u> です。

解説 81

徳川君は持っているお金の 6 割を使ったところ，残ったお金は 4800 円になりました。初めにいくらお金を持っていましたか。

6 割を使うということは $\frac{3}{5}$ を使うということです。

⑤持っていて、③を使って②残ります。それを下のように書きます。今回は 1 回しか使わなかったので、このように書くメリットはありませんが、次の問題からは、何回か使っていくので、このような書き方は有効です。**ジグザグ型に書く**と呼ぶことにしています。

残り　　　使う
⑤
　　↘
　　　　③
　　↙
②

②＝ 4800 円です。

①＝ 4800 ÷ 2 ＝ 2400 円

初めは⑤なので、⑤＝ 2400 × 5 ＝ 12000 円

解説 82

長さがいくらかのロープを，初めにその$\frac{1}{3}$だけ使い，次に残りの$\frac{3}{4}$を使いました。そのとき 50 cm残っているとすると，このロープの初めの長さは何cmになりますか。

「残りの」とあるときはジグザグ型に書いていきます。

逆の言い方をすると、**ジグザグ型を書くのは、問題文に「残りの○分の△（歩合や百分率の場合もあります)」と書いてある問題だけです**。とても見分けやすいと思います。

残り　　　使う
③
　　　↘
　　　　　①
②

次に残りの$\frac{3}{4}$を使いたいので、②を 4 の倍数の④に変えます。丸数字をすべて 2 倍します。

残り　　　使う
⑥
　　　↘
　　　　　②
　　　↙
④
　　　↘
　　　　　③
　　　↙
①

①＝ 50 ㎝

初めの長さは⑥なので、⑥＝ 50 × 6 ＝ 300 ㎝

解説 83

太郎君は商店街で、所持金の$\frac{1}{3}$より 50 円高い本を買い，次に残りのお金の$\frac{3}{5}$より 30 円安いお菓子を買ったら 270 円残りました。最初の所持金はいくらですか。

「残りの」とあるので、ジグザグ型です。

$\frac{1}{3}$より 50 円高い本を買うので、初めを③にして、本を「①＋ 50」にします。

	残り	買う
	③	
本		①＋ 50

ここで、残りを頑張って書かずに、次に、「残りの$\frac{3}{5}$より～」とあるので、残りを[5]にします。初めの金額との関係が不明なので⑤にはしません。残りの方が初めより多くなってしまうから、おかしいことは一目瞭然ですね。

比と割合の問題は複数の記号を使うと解きにくくなりますが、このジグザグ型は例外で、原則的に、分数があるごとに新しい記号を使っていきます。

残りは[5]で、次に$\frac{3}{5}$より 30 円安いお菓子を買うので、お菓子は「[3] − 30」になります。

	残り	買う
	③	
本		**①＋ 50**
	[5]	
菓子		**[3] − 30**
	270	

下から見ていきます。

お菓子の値段（[3] － **30**）と、残った **270 円**をたすと、お菓子を買う前の[5] になります。

[3] **－ 30** ＋ **270** ＝[5]

[2] ＝ 240 円

[5] ＝ 600 円

本の値段（①**＋ 50**）と、そのとき残った[5]（600 円）をたすと、初めの③になります。

①**＋ 50** ＋ 600 ＝③

②＝ 650 円

①＝ 650 ÷ 2 ＝ 325 円

初めは③なので、③＝ 325 × 3 ＝ 975 円

解説 84

1 本のリボンを A，B，C の 3 人で分けました。初めに A は全体の$\frac{1}{3}$より 6 cm多く取り，次に B は残りの半分より 7cm多く取り，最後に C は残りの$\frac{2}{5}$より 9 cm多く取ったら，ちょうどリボンはなくなりました。A は何cm取りましたか。

「残りの」とあるので、ジグザグ型に書いていきます。

3 人取る（3 つ分数がある）ので、記号を 3 つ使います。

	残り	取る
	③	
A		①＋ **6**
	$\boxed{2}$	
B		$\boxed{1}$ ＋ **7**
	◇5	
C		◇2 ＋ **9**
	×	

下から考えます。

C が、◇5 のうち「◇2 ＋ **9**」を取ると、残らないので、◇2 ＋ **9** が◇5 になります。

◇2 ＋ **9** ＝◇5

◇3 ＝ 9 cm

◇5 ＝ 15 cm

B が、$\boxed{2}$ のうち「$\boxed{1}$ ＋ **7**」を取ると◇5 ＝ 15 cmが残ります。

$\boxed{1}$ ＋ **7** ＋ 15 ＝$\boxed{2}$

$\boxed{1}$ = 22 ㎝

$\boxed{2}$ = 44 ㎝

A が、初めの③のうち「**①+ 6**」を取ると$\boxed{2}$ = 44 ㎝が残ります。

①+ 6 + 44 =③

②= 50 ㎝

①= 25 ㎝

A が取った分は「①+ 6 ㎝」なので、25 + 6 = <u>31 ㎝</u>

解説 85

ルナさんが所持金の$\frac{3}{4}$より 30 円多く使って鉛筆を 1 ダース買いました。そして母親から残額の 5 倍のおこづかいをもらって，今度は所持金の半分より 30 円安い本を買ったところ，残額は 390 円になりました。最初に買った鉛筆 1 本の値段はいくらですか。

「残りの」とあるので、ジグザグ型に書いていきます。

5 倍もらうというのは、ちょっと加工して、下のように表現すると良いと思います。

	残り	買う
	④	
鉛筆 12 本		③＋ 30
	[1]	
	↓ 5 倍もらう	
	[6]	

次は、所持金の半分より 30 円安い本を買うので、新しい記号は使わずに、[6] の半分の[3] より 30 円安い本を買うというようにします。

ジグザグ型の最初の説明で、記号をどんどん使っていいと書きましたが、使う必要がないところでは使いません。新しく使わないと厳しいと思ったところで使うようにします。

	残り	買う
	④	
鉛筆 12 本		**③+ 30**
	[1]	
	↓ 5 倍もらう	
	[6]	
本		**[3] − 30**
	390	

下から考えます。

[3] − 30 + **390** =[6]

[3] = 360

[1] = 120 円

③+ 30 + 120 =④

①= 150 円

鉛筆 12 本は「③+ 30」なので、150 × 3 + 30 = 480 円

鉛筆 1 本は 480 ÷ 12 = <u>40 円</u>

解説 86

緑さんは一昨日から本を読んでいます。一昨日は全体の$\frac{1}{3}$を読み，昨日，残りの$\frac{3}{4}$を読みました。今日 16 ページを読んで，明日に全体の$\frac{1}{12}$を読めば，この本は読み終わります。この本のページ数を求めなさい。

問題文に「全体の$\frac{1}{3}$」と「全体の$\frac{1}{12}$」があるので、全体を⑫にします。ときどき出てくるタイプで、かなり難しい問題の可能性もあります。本書では最も難しいタイプは出てきません。

	残り	読む
	⑫	
一昨日		④
	⑧	

昨日は、残りの$\frac{3}{4}$を読みますが、残りが⑧だと「⑥を読んだ」とできるので、新しい記号を使う必要がありません。

	残り	読む
一昨日	⑫	
		④
	⑧	
昨日		⑥
	②	
今日		16

明日は、全体の$\frac{1}{12}$を読むということは、全体を⑫にしているので、明日①を読んで読み終わることになり、今日、16 ページ読んだ後に①が残っていま

す。

	残り	読む
一昨日	⑫	
		④
	⑧	
昨日		⑥
	②	
今日		**16**
	①	
明日		①
	×	

16 ページを使った式は **16** ＋①＝②です。

①＝ 16 ページ

この本のページ数は⑫なので、⑫＝ 16 × 12 ＝ 192 ページ

解説 87

小山さんは，持っているお金の$\frac{1}{3}$を使い，次に残りの$\frac{3}{5}$を使いました。このあと，お母さんに 1000 円もらいました。そして，今度は持っているお金の$\frac{3}{4}$を使ったところ，残りのお金は 450 円になりました。小山さんは初めいくら持っていましたか。

「残りの」とあるので、ジグザグ型に書いていきます。

残り　　　使う
③
　　　　　①
②

次に残りの$\frac{3}{5}$を使いますが、ここで残りを新しい記号にするのではなく、②を 5 の倍数の⑩に変えます。初めは⑮で、まず⑤を使ったことになり、次に残りの⑩のうち⑥を使ったことになります。

新しい記号はできるだけ使わないようにします。

残り　　　使う
⑮
　　　　　⑤
⑩
　　　　　⑥
④
↓ 1000 円もらう

1000 円もらった後は「④＋ 1000」にするより、新しい記号がいいです。

最後は$\frac{3}{4}$を使うので、$\boxed{4}$にします。

残り	使う
⑮	
	⑤
⑩	
	⑥
④	
↓ 1000円もらう	
$\boxed{\mathbf{4}}$	
	$\boxed{\mathbf{3}}$
450	

$\boxed{\mathbf{3}}$ ＋ **450** ＝$\boxed{\mathbf{4}}$

$\boxed{1}$ ＝ 450円

$\boxed{\mathbf{4}}$ ＝ 1800円

④＝ 1800 － 1000 ＝ 800円

①＝ 200円

初めは⑮なので、⑮＝ 200 × 15 ＝ <u>3000円</u>

解説 88

おはじきをA，B，Cの3人に分けるのに，Aは全体の$\frac{1}{6}$と12個，BはAの取った残りの$\frac{3}{8}$と6個，Cは残り全部を取ったところ，BとCのおはじきの数が等しくなりました。おはじきは全部で何個ありましたか。

「残りの」とあるので、ジグザグ型に書いていきます。

BとCが同じ個数を取るので、CもBと同じものを書きます。

	残り	取る
	⑥	
A		**①+ 12**
	$\boxed{8}$	
B		$\boxed{3}$ **+ 6**
C		$\boxed{3}$ **+ 6**
	×	

最後に残らないので、BとCをたしたら$\boxed{8}$になります。

$\boxed{3}$ **+ 6** +$\boxed{3}$ **+ 6** =$\boxed{8}$

$\boxed{6}$ + 12 =$\boxed{8}$

$\boxed{2}$ = 12個

$\boxed{1}$ = 6個

$\boxed{8}$ = 48個

①+ 12 + 48 =⑥

⑤= 60個

①= 12個

全部は⑥なので、⑥= 12 × 6 = 72個

解説 89

豊田さんはある本を初めの日に全体の$\frac{1}{4}$を読み，2 日目に20 ページ読み，3 日目に残りの$\frac{3}{4}$を読んだら，残りは全体の$\frac{1}{6}$になりました。この本のページ数を求めなさい。

「残りの」とあるので、ジグザグ型に書いていきます。

初日は「全体の$\frac{1}{4}$」で、残りは「全体の$\frac{1}{6}$」なので、全体を、分母の 4 と 6 の最小公倍数の⑫にします。

最後に残っているのは⑫の$\frac{1}{6}$の②になります。

	残り	読む
	⑫	
1 日目		③
	⑨	
2 日目		20
	$\boxed{4}$	
3 日目		$\boxed{3}$
	②	

$\boxed{3}$ ＋②＝$\boxed{4}$

$\boxed{1}$ ＝②

四角数字を 2 倍すれば丸数字に変えられます。

	残り	読む
	⑫	
1 日目		③
	⑨	
2 日目		**20**
	⑧	
3 日目		⑥
	②	

20 ＋⑧ ＝ ⑨

①＝ 20 ページ

この本のページ数は⑫なので、⑫＝ 20 × 12 ＝ 240 ページ

解説 90

本山君はある本を1日目に84ページ，2日目は残りの$\frac{1}{4}$を読んだところ，その本の半分を読んだことになりました。この本は全部で何ページありますか。

「残りの」とあるので、ジグザグ型に書いていきます。

今回は初め（全体）は決められないので、決めません。

	残り	読む
	？	
1日目		**84**
	④	
2日目		①
	③	

2日間で半分読んだので、半分が残っていると考えます。

つまり、半分が③で、**全体は⑥**です。

84＋④＝⑥

②＝84ページ

①＝42ページ

全体は⑥なので、⑥＝42×6＝252ページ

解説 91

ミカンがいくつかあります。そのうち$\frac{1}{3}$の個数を A に，次に残りの$\frac{1}{5}$より 3 個少ない個数を B にあげ，最後に残り全部を C にあげたところ，C の個数は A よりも 21 個多くなりました。初め，ミカンは全部で何個ありましたか。

「残りの」とあるので、ジグザグ型に書いていきます。

	残り	取る
	③	
A		①
	②	

B は残りの$\frac{1}{5}$より 3 個少ない個数を取るので、A が取った後の残りは、5 の倍数の⑩に変えます。ここは記号を節約できますね。

初めが⑮で、A が⑤を取って、⑩残ることになります。

	残り	取る
	⑮	
A		⑤
	⑩	
B		②－ 3

C は A より 21 個多いので「⑤＋ 21」とすると、C が取った後は残りはないので、B が取った後に「⑤＋ 21」残ることになります。

	残り	取る
	⑮	
A		⑤
	⑩	
B		**②－ 3**
	⑤＋ 21	
C		⑤＋ 21
	×	

②**− 3** ＋⑤**＋ 21** ＝⑩

⑦＋ 18 ＝⑩

③＝ 18 個

①＝ 6 個

ミカンは全部で⑮あったので、⑮＝ 6 × 15 ＝ 90 個

解説 92

★

ゆうき君はある本を1日目に全体の半分を読み，2日目に全体の$\frac{1}{3}$より5ページ多く，3日目に残りを全部読みました。3日目に読んだページ数は，2日目の$\frac{5}{13}$です。この本の全部のページ数は何ページですか。

ジグザグ型に書きたくなる文章の問題ですが、「残りの」という表現がないので、ジグザグ型にはしません。

全体を半分$\left(\frac{1}{2}\right)$と$\frac{1}{3}$の分母の最小公倍数の⑥とします。

1日目	③
2日目	②＋5
3日目	
合計	⑥

ここで、1日目は③でそれが半分だから、2日目と3日目をたしたら③になって、2日目と3日目の比は13：5になることを考えます。

つまり、2日目と3日目の合計は18の倍数だと都合がいいです。

2日目と3日目の合計の③を6倍して⑱にします。丸数字をすべて6倍します。全体は㊱になります。

1日目	⑱
2日目	⑫＋5＝⑬
3日目	⑤
合計	㊱

①＝5ページ

全体は㊱なので、㊱＝5×36＝180ページ

解説 93

★

太郎君は，ある本を 1 日目に全体の$\frac{1}{5}$だけ読み，2 日目に残りの$\frac{1}{6}$より 10 ページ多く読みました。さらに，3 日目には残りの$\frac{1}{7}$を読みましたが，まだ，全体の$\frac{1}{2}$が残っています。この本は全部で何ページありますか。

「残りの」があるのでジグザグ型で考えます。

「全体の$\frac{1}{5}$」と「全体の$\frac{1}{2}$」があるので、全体を⑩にします。

1 日目は⑩×$\frac{1}{5}$ ＝②読んで、⑧が残ります。

	残り	読む
	⑩	
1 日目		②
	⑧	

ところが、ここで⑧を 6 の倍数にしたくなります。記号をできるだけ増やさないようにしたいです。丸数字を 3 倍します。

	残り	読む
	㉚	
1 日目		⑥
	㉔	

2 日目は、㉔×$\frac{1}{6}$ ＋ 10 ＝④＋ 10 ページ読みます。

残りを$\boxed{7}$ とすると、3 日目は$\boxed{1}$ を読み、$\boxed{6}$ が残ります。

	残り	読む
	㉚	
1 日目		⑥
	㉔	
2 日目		④＋ 10
	□7	
3 日目		□1
	□6 ＝⑮	

□6 が全体の半分の⑮になります。

こういう場合は、他の記号に統一します。◇数字にします。

□6 ＝⑮＝◇30 にします。30 は 6 と 15 の最小公倍数です。

□数字は、◇数字にするのに 5 倍です。○数字は、◇数字にするのに 2 倍です。

□数字を 5 倍にして、○数字を 2 倍にして、すべて◇数字に書き換えます。

	残り	読む
	◇60	
1 日目		◇12
	◇48	
2 日目		◇8 ＋ 10
	◇35	
3 日目		◇5
	◇30	

◇8 ＋ 10 ＋ ◇35 ＝◇48 になります。

◇5 ＝ 10 ページ

◇1 ＝ 10 ÷ 5 ＝ 2 ページ

全体は◇60 なので、◇60 ＝ 2 × 60 ＝ 120 ページ

解説 94

落とした高さの$\frac{2}{3}$だけはね上がるボールがあります。

(1) 初めにボールを 45 cmの高さから落とすと，2 回目にはね上がったボールの高さは何cmですか。

(2) ある高さからこのボールを落としたとき，3 回目にはね上がったボールの高さは 32 cmでした。初めにボールを何cmの高さから落としましたか。

(1) $\frac{2}{3}$はね上がるとは、下のような図になります。

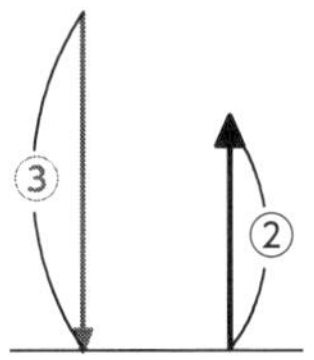

初めに 45 ㎝の高さから落とすので、③= 45 ㎝で、②= 30 ㎝となりますが、単純なはね上がりの問題は、$\frac{2}{3}$をどんどんかけていく方針がいいと思います。

はじめ		1 回目		2 回目
45		❶		❷
	$\times\frac{2}{3}$		$\times\frac{2}{3}$	

❶は 30 ㎝、❷は 20 ㎝になります。

(2)（1）と同じような表で解きます。

はじめ		1 回目		2 回目		3 回目
★		❶		❷		❸ 32㎝
	$\times\frac{2}{3}$		$\times\frac{2}{3}$		$\times\frac{2}{3}$	

❷は $32\div\frac{2}{3}$で、❶は $32\div\frac{2}{3}\div\frac{2}{3}$で、初めの高さの★は $32\div\frac{2}{3}\div\frac{2}{3}\div\frac{2}{3}$ です。

★は $32\times\frac{3}{2}\times\frac{3}{2}\times\frac{3}{2}=$ 108 ㎝

解説 95

ある高さから落とすと，その高さの$\frac{2}{3}$まではずみながら階段を落ちるボールがあります。

図 1

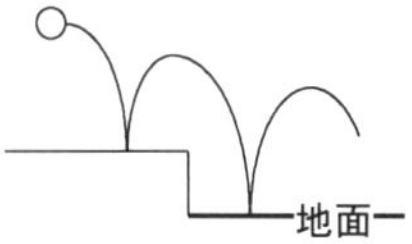

図 2

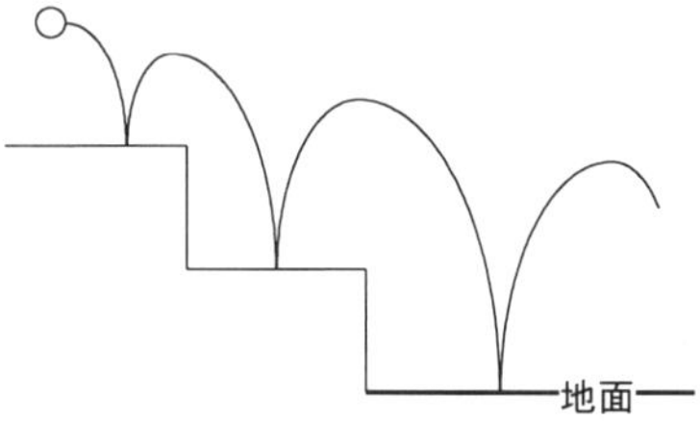

(1) 図 1 のように 10cmの高さの階段があります。地面から 31 cmの高さからボールを落としたところ，図のようにはずみました。最初に地面に落ちた後，何cmはずみますか。

(2) 図 2 のように 1 段の高さが 30cmの階段があります。ある高さからボールを落としたところ，図のようにはずみ，最初に地面に落ちた後，40cmはずみました。初め，地面から何cmの高さから落としましたか。

(1)【94】番の応用ですが、階段を落ちる問題は、図をかいて、図に長さを書き入れた方が解きやすいと思います。

下の図のように、まっすぐなたて線の図（模式的な図）にした方が、奇妙に感じるかもしれませんが、比を使いやすいので複雑な問題にはお勧めです。

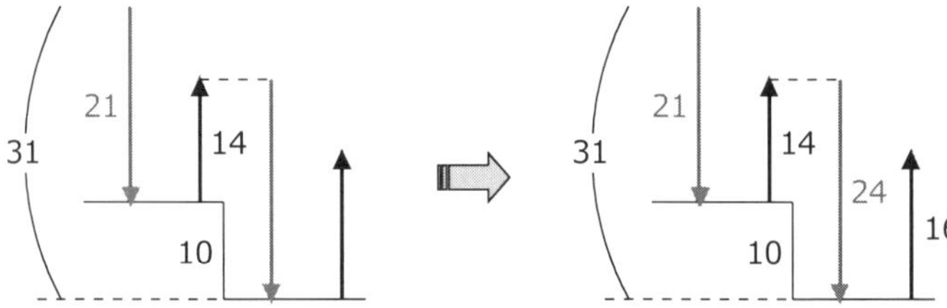

左側の図は、**21** ㎝から落ち、**21** × $\frac{2}{3}$ = **14 ㎝**はね上がったところまで書きました。

右側の図は、次に **24** ㎝から落ち、**24** × $\frac{2}{3}$ = **16 ㎝**はね上がったところです。

答えは <u>16 ㎝</u>です。

(2) まっすぐなたて線の模式的な図をかきます、問題にかいてある図を有り難がって使ってはいけません。

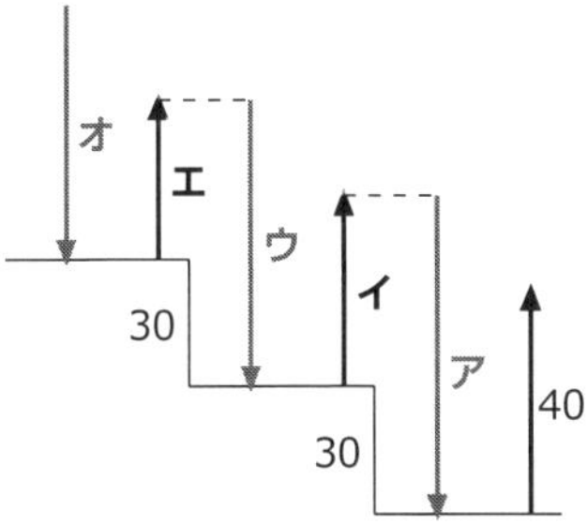

オから求めていこうとすると、記号をたくさん使うことになりますが、**ア→イ→ウ→エ→オ** の順に求めていくと、スムーズに進みます。40 ㎝から使っていくことがポイントです。

$\frac{2}{3}$はね上がるので、落とした高さは、はね返った高さを$\frac{2}{3}$で割ります。

ア　**40** ÷ $\frac{2}{3}$　= **60** ㎝

イ　60 − 30　= **30 ㎝**

ウ　**30** ÷ $\frac{2}{3}$　= **45** ㎝

エ　45 − 30　= **15 ㎝**

オ　**15** ÷ $\frac{2}{3}$　= 22.5 ㎝

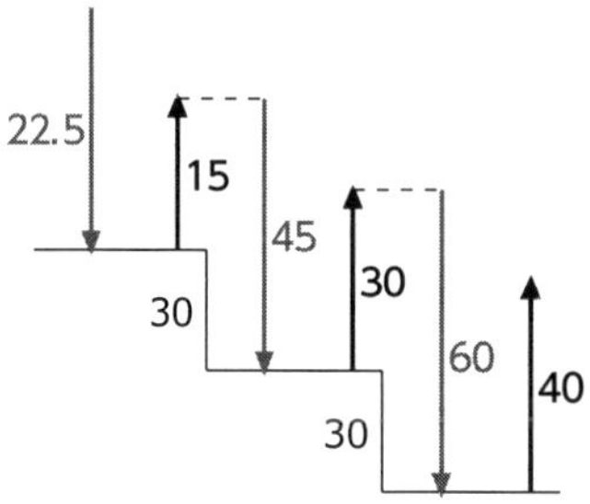

これが答えではなくて、地面からの高さなので、**22.5** + 30 + 30 = 82.5㎝

解説 96

★

ある学校の 6 年生 174 人のクラブ参加について調べたところ，男子の $\frac{4}{5}$，女子の $\frac{5}{7}$ はクラブに入っていました。また，クラブに入っていない男女の人数の比は3:4 でした。クラブに入っている生徒は男女合わせて何人ですか。

男子は $\frac{\mathbf{4}}{\mathbf{5}}$ がクラブに入っているので、男子全体を **5**、入っている人 **4**、いない人 1 にします。

女子は $\frac{\mathbf{5}}{\mathbf{7}}$ がクラブに入っているので、女子全体を **7**、入っている人 **5**、いない人 2 にします。

表は、クラブに入っているを「入」、入っていないを「未」にします。

	入	未	合計
男	**4**	1	**5**
女	**5**	2	**7**

まだ、使えない暫定《ざんてい》の比です。

クラブに入っていない男女の比を 3：4 にする必要があります。

男子を 3 倍、女子を 2 倍にすれば 3：4 になります。

174 人を表したいので、下に合計を書きます。

	入	未	合計
男	12	3	15
女	10	4	14
合計	22		29 → 174 人

これで使える比になりました。

使える比の証として丸数字にしてもいいですが、このまま丸数字を使わずに行ってしまいます。丸数字は端数《はすう》と混同しないように使うものなので、割合だからといって丸数字を使わないといけないものではありません。

29 が、実際は 174 人なので、6 倍になっています。

クラブに入っている男女の合計は 22 なので、6 倍して実際の数字にします。

22 × 6 = 132 人

解説 97

★

姉と妹の持っているお金を合わせると 48000 円です。姉は持っているお金の 25 %を，妹は 60 %を出し合って自転車を買うことにしました。姉と妹の出した金額の比は 5：4 でした。自転車の代金を求めなさい。

【96】番の類題です。

25 %は$\frac{1}{4}$、60 %は$\frac{3}{5}$です。どちらも分数にしやすい百分率なので、分数で考えていきます。

	はじめ	出す
姉	4	1
妹	5	3

表に書いたのは、まだ使えない暫定の比で、1 と 3 を、問題文の条件通り 5：4 になるようにします。これを変えるのが【96】番より難しいです。

3 を 4 倍して 12 にすれば、1 を 15 倍の 15 にして、5：4 の 15 と 12 になります。

姉の出した金額を⑮、妹の出した金額を⑫にします。

2 人の初めの合計金額は 48000 円なので、下に合計を書きます。

	はじめ	出す
姉	(60)	⑮
妹	⑳	⑫
合計	(80)	㉗

(80)＝ 48000 円になります。

①＝ 48000 ÷ 80 ＝ 600 円

自転車代は㉗なので、㉗＝ 600 × 27 ＝ **16200 円**

解説 98

★

探求小学校の 6 年生の男子と女子の人数比は 4：3 で，5 年生の男子と女子の人数比は 3：5 です。また，6 年生の人数は 5 年生の人数より 25 ％多いといいます。6 年生と 5 年生を合わせた人数の，男子と女子の人数の比を求めなさい。

まず、下のような表にします。

	男	女	合計
6 年生	4	3	7
5 年生	3	5	8

しかし、使えない暫定《ざんてい》の比なので、6 年生と 5 年生の男子の和は 4 ＋ 3 ＝ 7 などとやってはダメです。

6 年生は 5 年生の 1.25 倍なので、比にすると 5：4 です。

$1.25 = 1\frac{1}{4} = \frac{5}{4}$ と考えて 5：4 になります。125：100 からでも 5：4 になります。

7 と 8 と書いているところを 5：4 にします。

5：4 を変更します。

5：4 の 5 は 7 の倍数がいいから 7 倍しようかな？ 35：28 だ！

28 は 8 の倍数がいいから 2 倍しようかな？ 70：56 だ！

という感覚ですが、この感覚が養われて使いこなすことができたら、比の扱いはマスターできたといってもいいです。

6 年生と 5 年生の合計をそれぞれ 70 と 56 にすると、6 年生は 10 倍、5 年生は 7 倍になります。

	男	女	合計
6 年生	40	30	70
5 年生	21	35	56
合計	61	65	126

○ばかり書くと見にくいので、○を省略してみました。比を求めるだけなので、それでまったく問題なしです。と言いますか、丸数字は不要なので書かない方が良いです。

機械的に丸数字にするのではなく、常に必要に応じて丸数字を書くようにします。

6 年生と 5 年生の男子の比は 40:21 なので、今度は使える比になったので、たてでもたしていいです。

男子は 61 で、女子は 65 になるので、61：65 です。

解説 99

★

ある学校の生徒を，人数が2：3：4 となる3 つのグループA，B，C に分けます。A，B，C の各グループの男子と女子の人数の比は，それぞれ3：1，2：3，1：2 です。この学校の男子と女子の人数をできるだけ簡単な整数の比で求めなさい。

まず、下のような表にします。

	男	女	計
A	3	1	**4**
B	2	3	**5**
C	1	2	**3**

まだ使えない暫定《ざんてい》の比です。

A とB とC の人数の比は **2**：3：4 ですが、どんどん変えていきます。

2：3：4 を変更します。

A の **2** は **4** の倍数にしたいです。**2**：3：4 ＝ 4：6：8 にします。

B の **6** は **5** の倍数にしたいです。4：**6**：8 ＝ 20：30：**40** にします。

C の 40 は **3** の倍数にしたいです。20：30：**40** ＝ 60：90：120 にします。

A を 60、B を 90、C を 120 にすると、上の表で、A は 15 倍、B は 18 倍、C は 40 倍になります。

	男	女	計
A	45	15	60
B	36	54	90
C	40	80	120
合計	121	149	

使える比になったので、たてにも横にもたして大丈夫です。

答えは 121：149 です。

解説 100

★

金属 A，B，C からできている 2 種類の合金 P，Q があります。合金に含まれている金属 A，B，C の割合は，P が 3：5：4，Q が 7：5：8 です。この合金 P，Q を 6：5 の割合でまぜてできる新しい合金には，金属 A，B，C がどんな割合で含まれていますか。

下の表を書きます。

	A	B	C	計
P	3	5	4	**12**
Q	7	5	8	**20**

横に見ると、3：5：4 は正しく、たして **12** にでき、7：5：8 は正しく、たして **20** でいいです。

しかし、このままでは P と Q の比は 6：5 になっていないので、使えない暫定《ざんてい》の比です。

P：Q ＝ 6：5 を変更します。

まず、P が **12** の倍数になるようにします。

2 倍します。P：Q ＝ 12：10 になります。

P：Q ＝ 12：10 を、次に、Q が **20** の倍数になるようにします。

2 倍します。P：Q ＝ 24：20 になります。

P を 24、Q を 20 にすると、上の表で、P だけ 2 倍になります。

	A	B	C	計
P	6	10	8	24
Q	7	5	8	20
PQ	13	15	16	44

これで、使える比になったので、たてにたしていいです。

合金 PQ の A：B：C ＝ 13：15：16

解説 101

Ａ とＢ の所持金の比は 7：3 でした。その後，Ａ は 500 円，Ｂ は 270 円使ったので，Ａ とＢの残りの所持金の比は 9：2 になりました。初めのＡの所持金はいくらでしたか。

ここから比の消去算に入ります。倍数変化算とも言われますが、消去算で解くならば、比の消去算と呼ぶのが分かりやすいと思います。比例式を使う方法もあります。

いままでの書き方と同じで良いです。条件がたりず、何もできなくなったときに「消去算ならできる？」というように考えると良いと思います。

初めのＡ を⑦、Ｂ を③とします。お金を使ったあとのＡ を9⃞ 、Ｂ を2⃞ にします。

比の消去算は 2 つの記号を使うことが特徴です。

	はじめ	なに	あと
Ａ	⑦	− 500	9⃞
Ｂ	③	− 270	2⃞

消去算のように、「はじめ」か「なに」か「あと」のいずれかをそろえます。「なに」をそろえると、逆比を使うことになるので、初心者には向かないと思います。
「はじめ」か「あと」のどちらかそろえやすい方をそろえます。

この問題なら、○をそろえても、□をそろえても負担は似たようなものなので、そういう場合は求めたくない方をそろえて消去します。消去算と同じですね。

答えは、初めのAの⑦になるので、求めたくない方は□です。

□を、9と2の最小公倍数の18にそろえます。

Aを2倍、Bを9倍します。

	はじめ	なに	あと
A × 2	⑭	− 1000	$\boxed{18}$
B × 9	㉗	− 2430	$\boxed{18}$
差	⑬	1430	

これまで、使えない暫定の比を、**使える比に変えて**きましたが、変えた後の使える比で解きました。使えない暫定の比は正しくないからです。

しかし、消去算の場合は、**消去するためにそろえて**いるので、そろえた後の比で解けません。正しかったのに、そろえるために正しくないものに変わったからです。

まちがえないように、「A × 2」や「B × 9」と書きました。最後は「A」や「B」で解きます。

⑬＝ 1430円

①＝ 1430 ÷ 13 ＝ 110円

初めのAは⑦です（⑭ではありません）。

⑦＝ 110 × 7 ＝ 770円

解説 102

A はBの4倍のお金を持っていましたが，A は1000円，B は500円もらったので，A のお金はB のお金の3倍になりました。初めにA が持っていたお金はいくらですか。

比の消去算で解くので、2種類の記号を使います。

初めのA を④、B を①とします。お金をもらったあとのA を[3]、B を[1]にします。

	はじめ	なに	あと
A	④	+ 1000	[3]
B	①	+ 500	[1]

○をそろえるのも□をそろえるのもあまり面倒さにちがいがないので、答えは、初めのA の④なので、□をそろえます。

B を3倍します。

	はじめ	なに	あと
A	④	+ 1000	[3]
B × 3	③	+ 1500	[3]
差	①	500	

①= 500円

初めのA は④なので、④= 500 × 4 = <u>2000円</u>

解説 103

A と B の所持金の比は 3：5 でしたが，B が A に 150 円わたしたので，A と B の所持金の比が 2：3 になりました。A は初めにいくら持っていましたか。

比の消去算でも解けますが、**やりとりしても 2 人の合計は変わらない**ことに注目して解きます。

消去算では解かないので、まず、使えない暫定《ざんてい》の比にします。

合計に注目するので、下に合計を書きます。

	はじめ	なに	あと
A	3	＋ 150	2
B	5	− 150	3
合計	8		5

合計を同じ数字にしたいので、8 と 5 の最小公倍数の㊵にします。

初めは 5 倍、あとは 8 倍します。これで使える比になります。

A を何倍かしたり B を何倍かしたりしたわけではなく、3：5 と 2：3 を正しく変えただけなので、150 円はそのままです。

	はじめ	なに	あと
A	⑮	＋ 150	⑯
B	㉕	− 150	㉔
合計	㊵		㊵

B が A に①あげたことが分かります。

①＝ 150 円です。

初めの A は⑮なので、⑮＝ 150 × 15 ＝ 2250 円

解説 104

長さの比が2：3 で同じ太さのロウソクがあります。このロウソクに同時に火をつけてから，それぞれ6 cm短くなったときの長さの比は2：5 でした。短い方のロウソクの初めの長さは何cmですか。

比の消去算でも解けますが、**それぞれ6 ㎝短くなってもロウソクの長さの差は変わらない**ことに注目して解きます。

消去算では解かないので、まず、使えない暫定の比にします。

差に注目するので、下に差を書きます。

	はじめ	なに	あと
短	2	− 6 ㎝	2
長	3	− 6 ㎝	5
差	1		3

差を同じ数字にしたいので、1 と 3 の最小公倍数の③にします。

初めだけ 3 倍します。これで使える比になります。

6 ㎝はそのままです。

	はじめ	なに	あと
短	⑥	− 6 ㎝	②
長	⑨	− 6 ㎝	⑤
差	③		③

短いロウソクも長いロウソクも、④短くなったことが分かります。

④＝ 6 ㎝です。

①＝ 1.5 ㎝

短いロウソクの初めの長さは⑥なので、⑥＝ 1.5 × 6 ＝ 9 ㎝

解説 105

中学生と高校生合わせて 1394 人います。中学生の $\frac{4}{7}$ と高校生の $\frac{1}{4}$ が校庭に出たので，校舎に残ったのは 816 人です。中学生の人数は何人ですか。

比の消去算で解くので、2 種類の記号を使います。

中学生全体を⑦、校庭に出た中学生を④、校舎に残った中学生を③とします。

高校生全体を[4]、校庭に出た高校生を[1]、校舎に残った高校生を[3]とします。

	校庭	校舎	合計
中学	④	③	⑦
高校	[1]	[3]	[4]
合計		816 人	1394 人

比の消去算と見抜けなくて、最初、いままでのように、記号無しの使えない暫定の比で書いて、途中から比の消去算で解けると気づいて、○と□の記号をつけても良いです。

同じ表なので、解き方の変更が自由にできます。

しかし、上の表はたて横の向きが逆ですね（それでもできますが)。比の消去算は丸数字や四角数字を横にならべたらダメです。書き直します。解き方の変更をした場合は、たて横の向きが逆になる場合があります。

	中学	高校	合計
校庭	④	[1]	578 人
校舎	③	[3]	816 人
合計	⑦	[4]	1394 人

合計の 1394 人を使ってもいいですが、校庭と校舎だけで考えます。

校舎を 3 で割ると簡単になります。

	中学	高校	合計
校庭	④	[1]	578 人
校舎÷ 3	①	[1]	272 人
差	③		306 人

□がそろってしまいました。

③= 306 人

①= 306 ÷ 3 = 102 人

中学生全体は⑦なので、⑦= 102 × 7 = 714 人

解説 106

A，B の 2 つの品の値段は合計 3200 円でした。A が 1 割値下がりし，B が 2 割高くなったので，合計で 3300 円になりました。初めの A の値段はいくらでしたか。

もとの A を⑩、B を[5]にします。2 割は$\frac{1}{5}$なので、10 よりも 5 の方がいいです。

A は、$\frac{1}{10}$の①の値下げになるので、⑨になります。

B は、$\frac{1}{5}$の[1]の値上げになるので、[6]になります。

	A	B	和
もと	⑩	[5]	3200
変更後	⑨	[6]	3300

もとの A の⑩を求めたいので、□をそろえます。5 と 6 の最小公倍数の 30 にします。

	A	B	和
もと× 6	(60)	[30]	19200
変更後× 5	㊺	[30]	16500
差	⑮		2700

⑮＝ 2700 円になります。

①＝ 2700 ÷ 15 ＝ 180 円

もとの A は⑩なので、⑩＝ 180 × 10 ＝ <u>1800 円</u>

解説 107

約分すると$\frac{2}{7}$になる分数の分母から 31 をひき，分子に 22 を加えて約分すると$\frac{2}{3}$になります。この分数を求めなさい。

分数があるので、数の性質の問題に見えますが、比の消去算で解きます。**分数と比は、書き表し方は異なりますが、本質は同じ**です。分数を比と考えて解く問題はよく出ます。

比の消去算で解けるので、記号を 2 種類使います。

$\frac{2}{7}$とは、〈分子〉:〈分母〉 ＝ 2:7 のことです。分子を②、分母を⑦とします。

$\frac{2}{3}$とは、〈分子〉:〈分母〉 ＝ 2:3 のことです。分子を2⃞、分母を3⃞とします。

	はじめ	なに	あと
分子	②	＋ 22	2⃞
分母	⑦	－ 31	3⃞

②や⑦を求めたいので、□をそろえます。四角数字を 6 にしたいので、分子は 3 倍、分母は 2 倍です。

	はじめ	なに	あと
分子× 3	⑥	＋ 66	6⃞
分母× 2	⑭	－ 62	6⃞
差	⑧	128	

「＋ 66」と「－ 62」の差は 128 ですね。もう、しっかり身についていますか？

⑧＝ 128

①＝ 128 ÷ 8 ＝ 16

②＝ 32 で、⑦＝ 112 になるので、もとの分数は $\underline{\frac{32}{112}}$ です。

解説 108

★

リボンが2本あります。両方のリボンから10 cmずつ切り取ったら，残りの長さの比は15：11になりました。さらに10 cmずつ切り取ったら，11：8になりました。

(1) 最初，リボンの長さはそれぞれ何cmと何cmでしたか。

(2) このあと，さらに同じ長さを切り取って，長さの比を10：7にするには，何cmずつ切り取るとよいですか。

(1) 10 ㎝ずつ切っても差が変わらないことに注目します。

	はじめ	なに1	途中	なに2	結果
長		－10㎝	15	－10㎝	11
短		－10㎝	11	－10㎝	8
差			4		3

上の表は、まだ使えない暫定《ざんてい》の比で、差を同じ数にしたら使える比になります。

差は4と3なので、最小公倍数の⑫にします。

途中を3倍、結果を4倍します。

	はじめ	なに1	途中	なに2	結果
長		－10㎝	㊺	－10㎝	㊹
短		－10㎝	㉝	－10㎝	㉜
差			⑫		⑫

長いリボンで考えると、1回目に10㎝切ると㊺になって、次に10㎝切ると㊹になるので、①＝10㎝になります。

㊺＝450㎝、㉝＝330㎝になります。

初めのリボンの長さはそれより10㎝長く、460㎝と340㎝です。

(2) さらに同じ長さを切り取るので、差に注目します。

2 回切った後から考えてみます。3 回目に切った後の最終結果も差は 120 ㎝です。

	2 回後	なに 3	最終結果
長	440 ㎝	－□	$\boxed{10}$
短	320 ㎝	－□	$\boxed{7}$
差	120 ㎝		$\boxed{3}$ 120 ㎝

$\boxed{3}$ = 120 ㎝になります。

$\boxed{1}$ = 120 ÷ 3 = 40 ㎝

長いリボンで考えると、最終結果は$\boxed{10}$ = 40 × 10 = 400 ㎝です。

440 ㎝から 400 ㎝になったので□は 40 ㎝です。

解説 109

★

A，B，C の 3 人がお金をいくらかずつ持っています。もし，A がＢに 700 円をわたすと，3 人のお金の比は 2：5：7 になります。また，もし，B と C が 700 円ずつ使うと 3 人のお金の比は 5：2：7 になります。A の持っているお金はいくらですか。

初めのお金を A を「②＋ 700」、B を「⑤－ 700」、C を「⑦」とすることがポイントです。

※ 2 つ目の条件から、A を「⑤」、B を「②＋ 700」、C を「⑦＋ 700」としてもいいです。

B と C が 700 円ずつ使ったときの表を書きます。

	はじめ	なに	あと
A	②＋ 700		$\boxed{5}$
B	⑤－ 700	－ 700	$\boxed{2}$
C	⑦	－ 700	$\boxed{7}$

比の消去算ですが、3 人のうち、どの 2 人で考えてもできます。

A と B で比の消去算で解いてみます。

A	②	＋	700	＝	$\boxed{5}$
B	⑤	－	1400	＝	$\boxed{2}$

A の「②＋ 700」を求めたいので、□を 10 にそろえて、消去算で解きます。

A は 2 倍、B は 5 倍します。

A × 2	④	＋	1400	＝	$\boxed{10}$
B × 5	㉕	－	7000	＝	$\boxed{10}$
差	㉑		8400		

㉑＝ 8400 円になります。

①＝ 8400 ÷ 21 ＝ 400 円

A の持っているお金は「②＋ 700」なので、400 × 2 ＋ 700 ＝ 1500 円

解説 110

ビンいっぱいに入っている醤《しょう》油《ゆ》の$\frac{1}{3}$を使ってから重さを量ったら 2.04 kgでした。さらに残りの$\frac{1}{4}$の醤油を使ってから重さを量ったら 1.73 kgでした。このビンの重さは何kgですか。

「残り」のとあるので、ジグザグ型に書いていきます。

残り	使う
③	
	①
②	

次は$\frac{1}{4}$を使うので、残りの②を 2 倍して④にします。丸数字をすべて 2 倍します。

残り	使う
⑥	
	②
④	
	①
③	

醤油が④のときの重さが 2.04 kgで、醤油が③のときの重さが 1.73 kgです。

この重さにはビンの重さも含まれています。理由は、重量のあるビンという表記がわざわざ問題文に載っているからです。

	ビン	醤油	合計
	□	④	2040 g
	□	③	1730 g
差		①	310 g

ビンと醤油③で、1.73 kg＝ 1730 g ですが、このうち醤油の重さは③＝ 310 × 3 ＝ 930 g です。

ビンは 1730 － 930 ＝ 800 g です。800 g は 0.8 kgです。

解説 111

A，B，C の 3 人は合わせて 120 個のあめを持っています。いま，A はBに 4 個，C はB に 3 個のあめをあげると 3 人の持っているあめは，A は，B の 2 倍で，C の 6 倍になります。Bが最初に持っていたあめは何個ですか。

3 人でやりとりしても、合計の個数は変わらず 120 個のままということに注目します。

最後は、A は B の 2 倍で、A は C の 6 倍というのを、連比にします。

A	B	C
2	1	
6		1
6	3	1

A を⑥、B を③、C を①とします。

A は B に 4 個あげたので 4 個減り、B は A と C から合わせて 7 個もらえて 7 個増え、C は B に 3 個あげたので 3 個減りました。

	はじめ	なに	あと
A		− 4	⑥
B		＋ 7	③
C		− 3	①
合計	120		⑩ 120

⑩＝ 120 個になります。

①＝ 120 ÷ 10 ＝ 12 個

最後の B は③なので、③＝ 12 × 3 ＝ 36 個

初めの B は、それより 7 個少ない 29 個です。

解説 112

A 君とB 君が持っている鉛筆の本数の割合は 11：13 でしたが，A 君が，2 人の持っている鉛筆の合計の 25 %にあたる鉛筆をB 君にあげたところ，A 君の鉛筆の本数は 30 本になりました。B 君が初めに持っていた鉛筆の本数は何本でしたか。

A の本数を⑪、B の本数を⑬として、実際の数字のように計算していきます。

	はじめ	なに	あと
A	⑪		
B	⑬		

2 人の合計は⑪＋⑬＝㉔で、25 %は$\frac{1}{4}$なので、A はB に㉔×$\frac{1}{4}$＝⑥あげました。

	はじめ	なに	あと
A	⑪	－⑥	⑤ 30
B	⑬	＋⑥	⑲

⑤＝ 30 本になります。

①＝ 30 ÷ 5 ＝ 6 本

初めのB は⑬なので、⑬＝ 6 × 13 ＝ 78 本

解説 113

兄と弟はそれぞれお金を持っていますが，妹は持っていません。兄が弟と妹に 1 : 4 の割合でお金をあげたところ，3 人の所持金は等しくなりました。初めの兄と弟の所持金の比を求めなさい。

兄は弟に①、妹に④をあげたことにします。

兄は⑤減り、弟は①増え、妹は④増えます。

妹は初め持っていないので④になりました。つまり、3 人とも④になりました。

	はじめ	なに	あと
兄		−⑤	④
弟		＋①	④
妹	×	＋④	④

初めの兄は⑨になり、初めの弟は③になります。

初めの兄と弟の比は 9 : 3 ＝ 3 : 1 です。

解説 114

A, B, C の 3 人がいます。初め, A は 19 個, B は 43 個の玉を持っていました。いま, A, B が同じ数の玉を C にあげたら, C の玉の数は A の玉の数の 2 倍, B の玉の数は A の玉の数の 3 倍になりました。
(1) A, B は C に玉を何個ずつあげましたか。
(2) C は初め何個の玉を持っていましたか。

(1) **「同じ数の玉を C にあげた」という同じというキーワードに注目します。**

A と B は同じ数の玉を C にあげても、A と B の個数の差は変わりません。

最後は、A：C ＝ 1：2 で、A：B ＝ 1：3 になるので連比にします。

A	B	C
1		2
1	3	
1	3	2

A を①、B を③、C を②とします。

A と B の差は変わらないので、下にそれを書きます。

	はじめ	なに	あと
A	19	−□	①
B	43	−□	③
C		＋□× 2	②
A と B の差	24		② 24

②＝ 24 個になります。

①＝ 24 ÷ 2 ＝ 12 個

A は①になったので、19 個から 12 個に 7 個減りました。

A と B は、C に 7 個ずつあげたことが分かります。

(2) C は 7 × 2 ＝ 14 個増えました。

C は②＝ 24 個になりました。

初めの C は 24 － 14 ＝ 10 個

解説 115

A，B，C はキャンディーを持っていて，その合計は 33 個です。いま，A は 3 個食べました。B は，持っていたキャンディーの $\frac{1}{6}$ を C にあげ，そのあと残ったキャンディーの $\frac{1}{3}$ を A にあげました。このとき，3 人のキャンディーの個数が等しくなりました。初め，A は C より何個多く持っていましたか。

B は $\frac{1}{6}$ を C にあげるので、初めの B を⑥にしたいところですが、C に $\frac{1}{6}$ をあげた後、A に $\frac{1}{3}$ をあげるので、C にあげたあとを 3 の倍数にしたいです。

そこまで読み切って、初めの B を⑱にします。

B は、⑱のうち、C に⑱ × $\frac{1}{6}$ ＝③をあげ、残った⑮のうち、A に⑮ × $\frac{1}{3}$ ＝⑤をあげ、残りは⑩になります。

合計が 33 個なので、下に合計を書きます。

	はじめ	なに 1	途中 1	なに 2	途中 2	なに 3	結果
A		− 3				＋⑤	
B	⑱			−③	⑮	−⑤	⑩
C				＋③			
合計	33		30		30		30

A が 3 個食べたので、3 人の合計は 3 個減って 30 個になります。

B が A や C にあげても、3 人の合計は変化しないことに注意しましょう。

最後は、みんな等しくなったので 30 ÷ 3 ＝ 10 個ずつになります。

⑩＝ 10 個なので、①＝ 1 個です。

	はじめ	なに 1	途中 1	なに 2	途中 2	なに 3	結果
A	ア	− 3				＋ 5	10
B	18			− 3	15	− 5	10
C	ウ			＋ 3			10
合計	33		30		30		30

初めの A は、ア＝ 10 − 5 ＋ 3 ＝ 8 個

初めの C は、ウ＝ 10 − 3 ＝ 7 個

初めの A と C の差は 8 − 7 ＝ 1 個

解説 116

★

A，B，C の 3 つの封筒に合わせて 200 枚の折り紙が入っています。A に入っている折り紙の $\frac{1}{5}$ を B に入れたところ，B に入っている枚数は 76 枚になりました。さらに,C に入っている折り紙の 25 %を B に入れたところ，B の枚数は 91 枚になりました。3 つの封筒には，初めに折り紙は何枚ずつ入っていましたか。

A は B に $\frac{1}{5}$ をあげるので、A は初め⑤で、B に①あげたと考えます。

C は B に 25 %＝$\frac{1}{4}$ をあげるので、C は初め$\boxed{4}$で、B に$\boxed{1}$あげたと考えます。

この考え方は、複数の記号を使っているので、単純な問題向きです。複雑な条件になると通用しなくなります。解いていき、混乱しかけたら記号の使用を控えようという意識が大切です。

	はじめ	なに 1	途中	なに 2	結果
A	⑤	−①	④		④
B		＋①	76	＋$\boxed{1}$	91
C	$\boxed{4}$		$\boxed{4}$	−$\boxed{1}$	$\boxed{3}$
合計	200		200		200

B は$\boxed{1}$をもらって、76 → 91 に 15 枚増えました。

$\boxed{1}$ ＝ 15 枚になります。

初めの C が分かります。$\boxed{4}$ ＝ 15 × 4 ＝ 60 枚です。

C の最後は$\boxed{3}$ ＝ 15 × 3 ＝ 45 枚と分かると、合計枚数 200 枚を使って、A の最後も分かります。

	はじめ	なに1	途中	なに2	結果
A	⑤	−①	④		④
B		+①	76	+ 15	91
C	60		60	− 15	45
合計	200		200		200

④= 200 − （91 + 45） = 64 枚になります。

①= 64 ÷ 4 = 16 枚

初めの A は⑤= 16 × 5 = 80 枚です。

B は 200 枚から A と C をひいて、200 − （80 + 60） = 60 枚です。

初め、A は 80 枚、B は 60 枚、C は 60 枚です。

解説 117

★

A，B，C の 3 人が合わせて 200 個のチョコレートを持っています。最初に A が自分の持っているチョコレートの $\frac{1}{3}$ を B にあげ，次に B が，もらった分も合わせて持っている $\frac{1}{3}$ を C にあげ，最後に C が，もらった分も合わせて持っている $\frac{1}{3}$ を A にあげました。その結果，A，B，C の持っているチョコレートの個数の比は 19：17：14 になりました。A，B，C の 3 人が最初に持っていたチョコレートの個数は，それぞれ何個ですか。

3 人の最後の個数が分かります。

19：17：14 なので、19 ＋ 17 ＋ 14 ＝ 50 が、本当は 200 個です。

4 倍すれば本当の個数になります。

A は 19 × 4 ＝ 76 個、B は 17 × 4 ＝ 68 個、C は 14 × 4 ＝ 56 個です。

最後から考えていきます。

途中 2 で C が③持っていて、A に①をあげたことにします。

	はじめ	なに 1	途中 1	なに 2	途中 2	なに 3	結果
A						＋①	76
B							68
C					③	−①	② 56

②＝ 56 個になります。

①＝ 56 ÷ 2 ＝ 28 個

③＝ 28 × 3 ＝ 84 個

	はじめ	なに 1	途中 1	なに 2	途中 2	なに 3	結果
A					48	＋ 28	76
B							68
C					84	− 28	② 56

途中1でBが□3持っていて、Cに□1をあげたことにします。

	はじめ	なに1	途中1	なに2	途中2	なに3	結果
A					48	＋28	76
B			□3	－□1	□2		□2 68
C				＋□1	84	－28	56

□2 ＝ 68個になります。

□1 ＝ 68 ÷ 2 ＝ 34個

□3 ＝ 34 × 3 ＝ 102個

そして、初めAが◇3持っていて、Bに◇1をあげたことにします。

	はじめ	なに1	途中1	なに2	途中2	なに3	結果
A	◇3	－◇1	◇2		◇2 48	＋28	76
B		＋◇1	102	－34	68		68
C			50	＋34	84	－28	56

◇2 ＝ 48個になります。

◇1 ＝ 48 ÷ 2 ＝ 24個

◇3 ＝ 24 × 3 ＝ 72個

初めのAは72個、Cは50個です。

全体の200個からAとCをひいてBを求めると、Bは200 －（72 ＋ 50）＝ 78個

初め、Aは72個、Bは78個、Cは50個です。

解説 118

★

ある中学校の全生徒のうち，516 人は通学に地下鉄を利用しています。全生徒の$\frac{4}{9}$にあたる人は A 市内から通学しています。A 市内から通学している生徒のうち，$\frac{3}{5}$にあたる人は地下鉄を利用しています。A 市外から通学している生徒のうち，$\frac{1}{3}$にあたる人は地下鉄を利用していません。この中学校の全生徒は何人ですか。

全生徒を 9 にすると、A 市内から通学が 4 になりますが、それを 5 の倍数にしたいです。

5 倍して、全生徒を 45、A 市内から通学を 20、市外を 25 にします。

このまま行ってもいいですが、市外を 3 の倍数にしたいです。

3 倍して、全生徒を 135、A 市内から通学を 60、市外を 75 にします。

丸数字にすると見えにくくなるので、とりあえず、このまま表にします。

	地下鉄乗る	地下鉄乗らない	計
A 市内			60
市外			75
合計			135

A 市内で地下鉄の人は $60 \times \frac{3}{5} = 36$

市外で地下鉄ではない人は $75 \times \frac{1}{3} = 25$

	地下鉄乗る	地下鉄乗らない	計
A 市内	36	24	60
市外	50	25	75
合計	86	49	135

地下鉄に乗っている人は 86 になりましたが、実際は 516 人で、その 6 倍です。

全生徒は 135 の 6 倍の 810 人です。

端数《はすう》がまるでないので、丸数字にする必要性もなかったと思います。

解説 119

★

600 g の水を A，B，C の 3 つのコップに，それぞれ 4：5：6 の割合で入れました。ところが A のコップがたおれて空になったので，B と C から同じ量ずつ A に移したところ，A と C の水の量の比は 2：3 になりました。いま，B のコップに入っている水の量は何 g ですか。

600 gを4：5：6に分けます。4 + 5 + 6 = 15 なので、40 倍します。

A は 4 × 40 = 160 g、B は 5 × 40 = 200 g、C は 6 × 40 = 240 gです。

最後の A を②、C を③にして、表にまとめてみます。

	はじめ	途中	なに	結果
A	160 g	0 g	+□× 2	②
B	200 g	200 g	−□	
C	240 g	240 g	−□	③

A は B と C から①ずつもらったことが分かります。

つまり、□=①です。

	はじめ	途中	なに	結果
A	160 g	0 g	+②	②
B	200 g	200 g	−①	
C	240 g	④ 240 g	−①	③

上の表で、④= 240 gと分かります。

①= 240 ÷ 4 = 60 g

B は、200 gから①減らすので、200 − 60 = 140 g

解説 120

★

ある花びんに水を入れようと思います。コップＡで水を入れると９杯目の途中でいっぱいになり，コップに水が26㎤残ります。また，別のコップＢで水を入れると12杯目の途中でいっぱいになり，コップに水が８㎤残ります。Ａのコップと B のコップの容積の差は 28 ㎤です。この花びんの容積を求めなさい。

問題文に「容積の差は 28 ㎤」と書いていますが、そういう場合は、まず、どちらのコップが大きいか考えます。

9 杯目と 12 杯目なので、あきらかにコップ A の方が大きいです。

コップ A を「①+ 28」、コップ B を①とします。

まぎらわしいので、A だけていねいにかいてみます。

A を 9 杯用意したけど、26 ㎤あまったので、使った水は、上のスミアミ部分で、残った水は斜線部分です。

つまり、花びんは A の 9 杯分より 26 ㎤少ないです。

	1 杯	杯数	水量	花びん
A	①+ 28	9	⑨+ 252	⑨+ 226

B も同様に考えると、花びんは B の 12 杯より 8 ㎤少ないです。

	1 杯	杯数	水量	花びん
A	①+ 28	9	⑨+ 252	⑨+ 226
B	①	12	⑫	⑫ − 8

「⑨+ 226」と「⑫− 8」が等しいです。

	⑨		＋ 226
	⑫		− 8
差	③	＝	234

③＝ 234 ㎤になります。

①＝ 234 ÷ 3 ＝ 78 ㎤

花びんは「⑫− 8」なので、78 × 12 − 8 ＝ **928 ㎤**

◆著者プロフィール◆

古川　司（ふるかわ　つかさ）

進学教室サピックス小学部専任講師を経て、当時、開成、桜蔭、聖光学院、栄光学園、浅野、フェリス女学院、洗足学園に多数の進学者を輩出していた川崎予備校で、算数科責任者としてオリジナルカリキュラム、オリジナルテキストをすべて一人でつくり、教材作成力を高めました。教材によって子どもの学力が大きく変わることを経験し、受験勉強の問題点を解消した「学力を上げる教材」をつくりたいという想いで、2014年から屋号「算数教材塾・探求（https://tai-san.net/）」を立ち上げ、自ら教材をつくり、インターネットで販売する業務に従事し、現在継続中。大手塾の教材とは一風変わった対話式の教材を開発し、受験生の学力を飛躍的に高めることに成功。

中学受験算数

「比と割合」表で解く練習問題120

2023年12月5日　初版第1刷発行

著　者　古　川　司
編集人　清水智則　発行所　エール出版社
〒101-0052　東京都千代田区神田小川町2-12　信愛ビル4F
電話　03(3291)0306　FAX　03(3291)0310
メール　info@yell-books.com

乱丁・落丁本はおとりかえします。

＊定価はカバーに表示してあります。

ISBN978-4-7539-3557-4

美しい灘中入試算数大解剖

平面図形・数分野

—受験算数最高峰メソッド—

中学入試算数で問題のレベル設定・精度の高さは灘中が圧倒的。本書で中学入試算数の最高峰メソッドを身につければ、どんな中学入試算数も面白いほど簡単に解ける。

第１章　平面図形
第２章　数の性質
第３章　場合の数

定価 1700 円（税別）
ISBN978-4-7539-3529-1

灘中・開成中・筑駒中

受験生が必ず解いておくべき　算数 101 問

入試算数最高峰レベルの問題を解く前に、
これだけは押さえておきたい問題を厳選。

第１部：101 問の前に　基本の確認 35 問

和と差に関する文章題／比と割合に関する文章題／数と規則性／平面図形／立体図形／速さ／場合の数

第２部：灘中・開成中・筑駒中受験生が必ず解いておくべき 101 問

数の性質／規則性／和と差に関する文章題／比と割合に関する文章題／平面図形／立体図形／速さ／図形の移動／水問題／場合の数

定価 1500 円（税別）
ISBN978-4-7539-3499-7

算数ソムリエ・著

中学受験算数専門プロ家庭教師・熊野孝哉が提言する

難関校合格への62の戦略

● 開成中合格率78%など、難関校入試で高い成功率を残す算数専門プロ家庭教師による受験戦略書。「マンスリーテスト対策を行わない理由」「開成向きの受験生と聖光向きの受験生」「公文式は中学受験の成功率を底上げする」「プラスワン問題集の効果的な取り組み方」「海陽（特別給費生）は最高の入試体験になる」など、難関校対策に特化した62の戦略を公開。

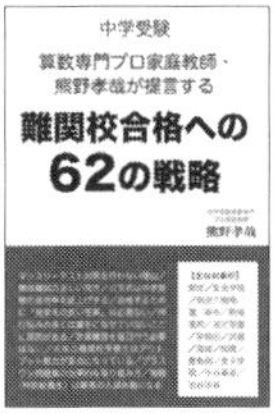

ISBN978-4-7539-3511-6

中学受験を成功させる 算数の戦略的学習法難関中学編

● 中学受験算数専門のプロ家庭教師・熊野孝哉による解説書。難関校対策に絞った塾の選び方から先取り学習の仕方、時期別学習法まで詳しく解説。

1章・塾選び／2章・先取り／3章・塾課題と自主課題／4章・算数の学習法1（5年前期）／5章・算数の学習法2（5年後期）／6章・算数の学習法3（6年前期）／7章・算数の学習法4（6年後期）／8章・その他（過去の執筆記事）／9章・最新記事

ISBN978-4-7539-3528-4

熊野孝哉・著

◉本体各1500円（税別）

単なる丸覚えから脱し、論述や理由を問う学校の入試対策に役立つ!!

中学受験
論述でおぼえる最強の理科

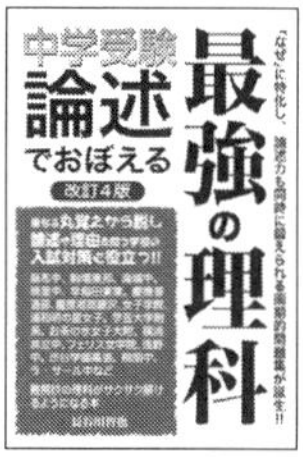

第 1 章　植物編／第 2 章　生態系・環境編／第 3 章　動物編／第 4 章　人体編／第 5 章　電気・磁石・電磁石編／第 6 章　天体・星・月編／第 7 章　燃焼編／第 8 章　熱編／第 9 章　気体・圧力編／第10章　力学編／第11章　気象・天気編／第12章　台地・地層・地球史編／第13章　音・光編

ISBN978-4-7539-3449-2

中学受験
論述でおぼえる最強の社会

「なぜ」に特化し、論述力も同時に鍛えられる画期的問題集が誕生 !!

第1章　地理分野

農業・水産・林業

第2章　歴史分野

古代から平安／鎌倉・室町時代・戦国時代／江戸時代／明治維新から第二次世界大戦／戦後

第3章　公民分野

法・政治・国会／暮らし・社会・経済関連／国際社会・世界／環境問題・世界遺産・時事問題

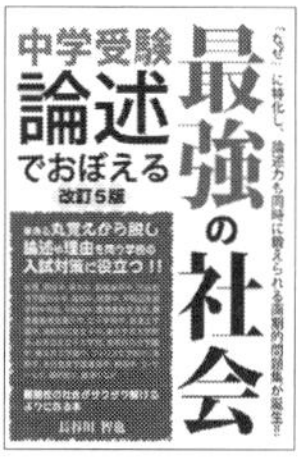

ISBN978-4-7539-3518-5

長谷川智也・著

◎本体各 1500 円（税別）

小学５・６年生対象

中学受験理科
地頭の良い子に勝つ
17 日間の授業

「理科は苦手、嫌い、無理」という人へ！
得点するための最重要ポイントだけを伝授

第１章　偏差値アップの勉強法
第２章　17 日間の授業
第３章　暗記テーマの覚え方
第４章　参考

ISBN978-4-7539-3484-3

中学受験理科
地頭の良い子に勝つ
最後の授業

【伝家の宝刀】力学・天体・化学計算の解法

最難関テーマには本質的な解法があります。
ブレなく最速で正解にたどりつく方法を公開 !!

第１章　近道で確実に効率よく
第２章　力学（物理）
　１　てこ　　　　２　かっ車と輪軸
第３章　天体（地学）
　１　月の動き　　２　星の動き
第４章　化学計算（化学）
　１　中和　　　　２　溶解度

ISBN978-4-7539-3515-4

東　荘一著

◎本体各 1500 円（税別）